新疆人民出版总社
新疆人民卫生出版社

图书在版编目（CIP）数据

超人气烘焙点心 / 樊小凡主编．-- 乌鲁木齐 ： 新疆人民卫生出版社， 2016.6
（食在好味）
ISBN 978-7-5372-6566-9

Ⅰ．①超… Ⅱ．①樊… Ⅲ．①烘焙－糕点加工 Ⅳ．①TS213.2

中国版本图书馆 CIP 数据核字（2016）第 112952 号

超人气烘焙点心

CHAORENQI HONGBEI DIANXIN

出版发行 新疆人民出版总社
新疆人民卫生出版社
责任编辑 张 鸥
策划编辑 深圳市金版文化发展股份有限公司
摄影摄像 深圳市金版文化发展股份有限公司
封面设计 深圳市金版文化发展股份有限公司
地 址 新疆乌鲁木齐市龙泉街 196 号
电 话 0991-2824446
邮 编 830004
网 址 http: //www.xjpsp.com
印 刷 深圳市雅佳图印刷有限公司
经 销 全国新华书店
开 本 173 毫米 ×243 毫米 16 开
印 张 10
字 数 200 千字
版 次 2016 年 10 月第 1 版
印 次 2016 年 10 月第 1 次印刷
定 价 29.80 元

前言

面粉、鸡蛋、黄油、糖这些看似简单的配料，通过巧妙的搭配，总能带来奇迹般的变化。看着它们在自己的手中变成了美味香甜的蛋糕，美妙小巧的饼干，香甜可口的泡芙，经典百搭的司康、小面包，或是精致的派、挞，再与家人和朋友一起分享，心中总会感到无限满足。

但很多人往往想做点心，又不知道如何下手，又或者是点心品类太多，不知道该如何选择。为此，我们策划了这本《食在好味：超人气烘焙点心》，精心挑选了几十款常见的超人气烘焙点心，包括杯子蛋糕、饼干、泡芙、司康、小面包、挞、派等，应有尽有，让新手的你、“选择困难症”的你，或是烘焙高手的你，都能轻松选择中意的类型，体验家庭烘焙的温馨和欢乐。

本书将带你选对烤箱、烘焙工具，用对材料，让烘焙不再困难，新手也可以在家轻松做人气点心。书中所列点心都有详细的制作方法、操作步骤图，并配有精美的成品大图和二维码视频，只需扫一扫二维码，就能跟着视频轻松学习做各种点心，有声视频教学，给你全新的阅读和视听体验。

翻开本书，跟随本书，期待你每一次点心出炉，每一次的分享，每一次的欢笑，都让生活充满乐趣。

目录

掌握基础知识
——烘焙简单又有趣

Part 2

杯子蛋糕
——给你甜甜蜜蜜的爱

饼干、泡芙、司康

——乐趣多多，美味多多

小面包
——迷你的精致和美味

挞、派
——西式馅饼的诱惑

掌握基础知识

——烘焙简单又有趣

烘焙食品不仅营养丰富，且款式多样，又以轻松多变的制作方式进驻世界上大大小小的厨房。烘焙食品备受消费者喜爱，在人们的生活中占有极为重要的地位。本章将烘焙的基本工具与材料及各种技法一一道来，让读者入门即见真章。

烘焙基本工具介绍

除了集齐原料外，烘焙最重要的是少不了工具的帮助。其实，这些工具也不难收集。以下为你介绍的这些工具都是烘焙的常用工具，希望你能够灵活运用它们，做出各式美味。

烤箱

烤箱在家庭中一般用于烤制饼干、点心和面包等食物。它是一种密封的电器，同时也具备烘干的作用。

电动搅拌器

搅拌器可用于打发蛋白、黄油等，相对于手动搅拌器，电动搅拌器可使搅拌工作更加快速，效果更好。

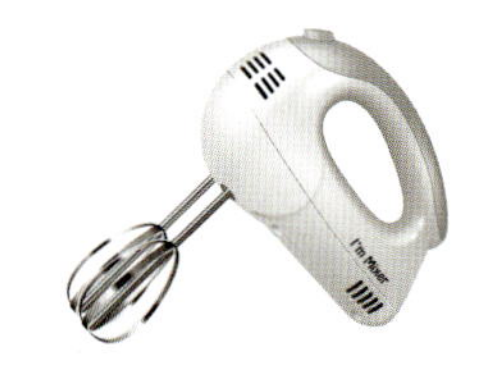

各式花嘴

不同的花嘴可以挤出不同形状的点心，还可用于蛋糕上的奶油花纹的装饰。

电子秤

电子秤又叫电子计量秤，适合在西点制作中用来称量各式各样的粉类、细砂糖等需要准确称量的材料。

模具

制作不同形状蛋糕选取相应的模具，模具还分不同的材质，有硅胶、陶瓷等。

擀面杖

一种用来压制面条、面皮的工具，多为木制。一般长而大的擀面杖用来擀面条，短而小的擀面杖用来擀饺子皮。

烘焙纸

烘焙纸用于烤箱内烘烤食物时垫在底部，防止食物粘在模具上面导致清洗困难。它还可以保证食品的干净卫生。

毛刷

毛刷的尺寸较多，能够用来在面皮的表面刷上一层油脂，也能在制好的蛋糕或者点心上刷上一层蛋液，以增添光泽感。

量杯

一般杯壁上都有容量标示，可以用来量取材料，如水、奶油等。但要注意读数时的刻度，量取时还要恰当地选择适合的量程。

刮板

刮板通常为塑料材质，主要用于搅拌面糊和蛋清，也可用于揉面时铲面板上的面、压拌材料以及鲜奶油的装饰整形。

橡皮刮刀

毛刷的尺寸较多，能够用来在面皮的表面刷上一层油脂，也能在制好的蛋糕或者点心上刷上一层蛋液，以增添光泽感。

常用烘焙材料

想自己动手做烘焙，但又不知道需要哪些原料吗？其实制作烘焙食品的原料很普通，在市场上都很容易买到。只要你准备齐全，就可以随时动手制作啦！

1 高筋面粉

高筋面粉的蛋白质含量在12.5%~13.5%，色泽偏黄，颗粒较粗，不容易结块，比较容易产生筋性，适合用来做面包。

2 低筋面粉

低筋面粉的蛋白质含量在8.5%左右，色泽偏白，颗粒较细，容易结块，适合制作蛋糕、饼干等。

3 泡打粉

泡打粉是一种复合疏松剂，又称为发泡粉和发酵粉，主要用作面制食品的快速疏松剂。泡打粉在接触水分、酸性及碱性粉末同时溶于水中而起反应时，有一部分会释出二氧化碳，而且，在烘焙加热的过程中，会释放出更多的气体，这些气体会使成品达到膨胀及松软的效果。这时，过量的使用反而会使成品组织粗糙，影响风味甚至外观。

4 烘焙专用奶粉

烘焙专用奶粉是以天然牛乳蛋白、乳糖、动物油脂混合而成，采用先进加工技术制成，含有乳蛋白和乳糖，风味接近奶粉，可全部或部分取代奶粉。与其他原料相比，同样剂量的烘焙专用奶粉具有体积小、重量轻、耐保存和使用方便等特点，可以使烘焙制品颜色更诱人，香味更浓厚。

5 芝士粉

芝士粉为黄色粉末状，带有浓烈的奶香味，大多用来制作面包以及饼干等，有增加风味的作用。

6 可可粉

可可粉有高脂、中脂、低脂三类，以及经碱处理、未经碱处理等数种，是制作巧克力蛋糕必需的材料。由于可可粉为酸性，大量使用会使蛋糕带有酸味，因此可用少量的苏打粉为中和剂。

7 塔塔粉

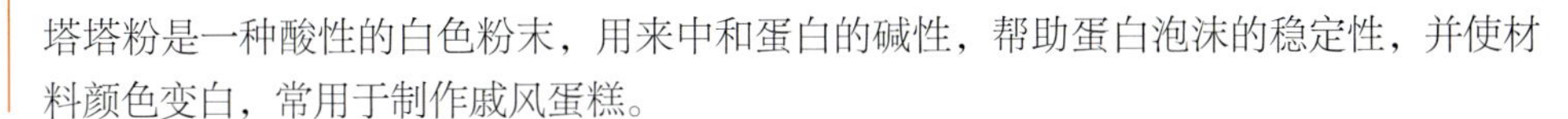

塔塔粉是一种酸性的白色粉末，用来中和蛋白的碱性，帮助蛋白泡沫的稳定性，并使材料颜色变白，常用于制作戚风蛋糕。

8 黄油

黄油又叫乳脂、白脱油，是将牛奶中的稀奶油和脱脂乳分离后，使稀奶油成熟并经搅拌而成的。黄油一般应该置于冰箱存放。

9 植物鲜奶油

植物鲜奶油，也叫做人造鲜奶油，大多数含有糖分，白色如牛奶状，同样比牛奶浓稠。通常用于打发后装饰糕点或者制作慕斯。

10 动物淡奶油

动物淡奶油又叫做淡奶油，是由牛奶提炼出来的，本身不含糖分，白色如牛奶状，但是比牛奶更为浓稠。但打发前需要放在冰箱冷藏8小时以上。

11 白砂糖

白砂糖按照颗粒大小可以分成许多种，如粗砂糖、一般砂糖、细砂糖、特细砂糖、幼砂糖等。在烘焙里，制作糕点的时候，通常都使用细砂糖，它更容易融入面团或面糊里。粗砂糖一般用来做糕点的外皮，比如砂糖茶点饼干、蝴蝶酥。粗糙的颗粒可以增加糕点的质感。粗砂糖还可以用来做糖浆，比如转化糖浆。

12 酵母

有新鲜酵母、普通活性干酵母和快发干酵母三种。在烘焙过程中，酵母产生二氧化碳，具有膨大面团的作用。酵母发酵时产生酒精、酸、酯等物质，形成特殊的香味。

13 鸡蛋

面包里加入鸡蛋不仅有增加营养的效果，还能增加面包的风味。利用鸡蛋中的水分参与构建面包的组织，可令面包柔软而美味。

14 葡萄干

葡萄干是由葡萄晒干加工而成的，味道鲜甜，不仅可以直接食用，还可以被放在糕点中加工成食品，供人品尝。

15 蔓越莓干

蔓越莓又叫做蔓越橘、小红莓，经常用于面包、糕点、饼干的制作，可以增添烘焙甜品的口感。

16 杏仁

杏仁为蔷薇科植物杏的种子，分为甜杏仁和苦杏仁。选购时注意色泽棕黄、颗粒均匀、无臭味者为佳，青色、表面有干涩皱纹的为次品。

烘焙技法

对于刚接触烘焙的新手来说，即便有详尽的配方以及操作说明，但在实际操作过程中还是容易出现各种问题，为此，下面为我们总结不少实用经验。

如何搅拌面粉？

搅拌，就是我们俗称的“揉面”，它的目的是使面筋形成。面粉加水以后，通过不断的搅拌，面粉中的蛋白质会渐渐聚集起来形成面筋。面筋可以包裹住酵母发酵所产生的空气，形成无数微小的气孔，经过烤焙以后，蛋白质凝固，形成坚固的组织，支撑起面包的结构。所以，面筋的多少决定了面包的组织是否够细腻。在面包制作过程中，面团的搅拌与面团的发酵处于同等重要的地位，影响着面包制作的成败。

打开黄油要注意什么？

黄油的打发要特别注意其软化程度，黄油过硬或过软都无法使空气饱含其中。黄油的最佳软化方式是提前 1~2 小时从冷藏室取出，切成小块，在室温下让其自然软化，但冬天要放在温暖的地方。将黄油软化至可用手指轻轻按压出指印便是合适的软化程度，此时在黄油中加入砂糖混合拌匀，可使空气充满其中。注意要避免黄油软化过度，一旦黄油化成液态，其特性中的乳析性就会消失，这时就算加入砂糖不断搅拌也无法使空气填满其中。

此外，打发黄油时需注意，不要尝试用隔水加热的方式使之软化，隔水加热会造成黄油化为液态，而液态黄油是无法打入空气的。

打发黄油加入鸡蛋时，必须使用室温鸡蛋，并且分次少量地加入，最重要的是每加入一次要迅速地搅打均匀，这样打发好的黄油才会呈光滑的乳膏状。如果操作不当，造成油水分离，便会使得充满在黄油中的空气消失，影响到黄油膨胀的效果，导致烘烤出的蛋糕或饼

干硬实而不松软。如果在搅拌过程中出现了颗粒状的黄油及油水分离的状态，可以将原配方中的低筋面粉先挖出一大匙加入黄油中，然后再低速搅打均匀，直至还原成正常的乳膏状为止。

鲜奶油打发有什么窍门?

鲜奶油是用来装饰蛋糕与制作慕斯类甜点中不可缺少的材料。打发至不同的软硬度，也有不同的用途。打发鲜奶油保持低温状态以帮助打发，尤其在炎热的夏季，冬季时则可省略。

手持搅拌器顺同一方向拌打数分钟后，鲜奶油会松发成为具浓厚流质感的黏稠液体，此即所谓的六分发，这种奶油适合制作慕斯、冰激凌等甜点。而打至九分发的鲜奶油最后会完全成为固体，若用刮刀取鲜奶油，完全不会流动，九分发的鲜奶油只适合用来制作装饰挤花。

如何打发全蛋更容易?

全蛋打发前最好先隔水加热，因为蛋黄中所含的油脂会抑制蛋白的发泡性，隔水加热可以减少鸡蛋的表面张力，较容易打发。隔水加热时，要用冷水小火慢慢升温加热，直至水温有些微烫手即可熄火，趁着余温搅拌蛋液，让其受热均匀，而且这个时候加入砂糖也容易溶化。注意不要等水加热了再一下子将装有蛋液的碗放在热水里，这样水温稍高就会将碗边的蛋液烫熟。

另外，全蛋打发时，全蛋中的砂糖含量越高，就越容易打发，打发好的蛋液气泡也更稳定。砂糖还可以增加成品的滋润度，若是砂糖用量不足会造成打发失败或是口感较差。

Part 2

杯子蛋糕

——给你甜甜蜜蜜的爱

杯子蛋糕小巧可爱，做起来也方便简单。有的杯子蛋糕上面还会放上各式的奶油、水果、坚果等，既漂亮又美味，快来试试吧！

巧克力奶油麦芬蛋糕

烹饪时间　35 分钟

原料

全蛋……210 克
盐……3 克
色拉油……15 克
牛奶……40 毫升
低筋面粉……250 克
泡打粉……8 克
糖粉……160 克
可可粉……40 克
打发植物鲜奶油……80 克

工具

电动搅拌器、裱花袋、
长柄刮板、裱花嘴、
蛋糕杯……各 1 个
剪刀……1 把
烤箱……1 台

1 把全蛋倒入碗中，加糖粉、盐，搅匀，加入泡打粉、低筋面粉，搅成糊状，加入牛奶、色拉油，搅成蛋糕浆。

2 将蛋糕浆装入裱花袋里，用剪刀剪开一小口；将植物鲜奶油倒入碗中，加入可可粉，用长柄刮板拌匀。

3 把可可粉奶油装入套有裱花嘴的裱画袋里；把蛋糕浆挤入烤盘蛋糕杯中，装约 7 分满。

4 将烤箱上火调为 180 ℃，下火 160℃，预热 5 分钟。

5 打开烤箱门，放入蛋糕生坯；关上烤箱门，烘烤 15 分钟至熟。

6 戴上隔热手套，打开烤箱门，取出烤好的蛋糕，逐个挤上可可粉奶油，装盘即可。

porter la couronne

提子哈雷蛋糕

烹饪时间　30 分钟

[原料]

鸡蛋......................250 克
低筋面粉..............250 克
泡打粉......................5 克
细砂糖..................250 克
色拉油.............250 毫升
提子干、蜂蜜.......各适量

[工具]

电动搅拌器、筛网各 1 个
蛋糕纸杯..................6 个
刷子.........................1 把

1 分别将鸡蛋、细砂糖倒入容器中，用电动搅拌器快速拌匀，至其呈乳白色。

2 用筛网依次将低筋面粉、泡打粉过筛至容器中，搅拌匀，加入色拉油，搅拌匀，打发至浆糊状。

3 将蛋糕纸杯放在烤盘上，用勺子将浆糊倒入杯中，至五分满，撒入适量提子干。

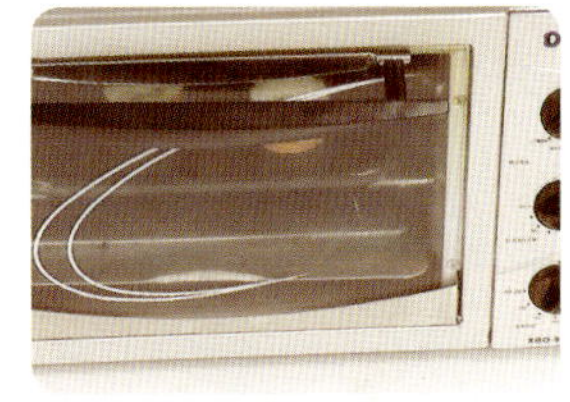

4 将烤盘放入烤箱中，调成上火 200℃、下火 180℃，烤 15 分钟，至其呈金黄色。

5 从烤箱中取出蛋糕。

6 在蛋糕表面刷上适量蜂蜜即可。

Xi Dian
Dian
Mei

杏仁哈雷蛋糕

烹饪时间　30 分钟

原料

鸡蛋……250 克
低筋面粉……250 克
泡打粉……5 克
细砂糖……250 克
色拉油……250 毫升
杏仁片、沙拉酱……各适量

工具

电动搅拌器、筛网
长柄刮板……各 1 个
蛋糕纸杯……4 个
刷子……1 把

1 将鸡蛋、细砂糖倒入容器中，用电动搅拌器拌至呈乳白色；将低筋面粉、泡打粉过筛至容器中，拌匀。

2 加入色拉油，搅拌匀，打发至浆糊状；将蛋糕纸杯放在烤盘上。

3 用长柄刮板将浆糊倒入纸杯中，至五分满，撒入适量杏仁片。

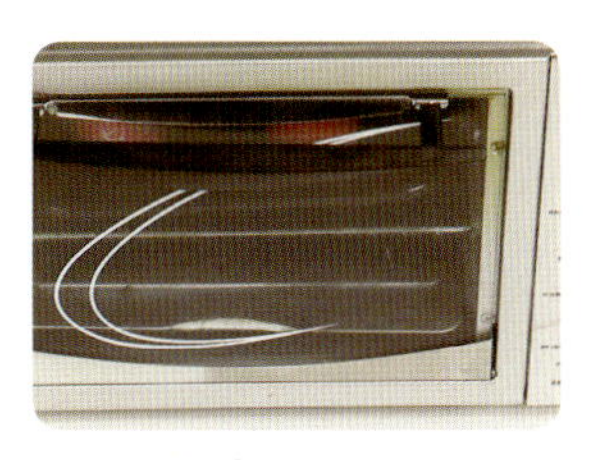

4 将烤盘放入烤箱中，调成上火 200℃、下火 180℃，烤 15 分钟，至其呈金黄色。

5 从烤箱中取出蛋糕。

6 在蛋糕表面刷上适量沙拉酱即可。

红豆戚风蛋糕

烹饪时间 35分钟

原料

- 红豆粒……80克
- 蛋白……200克
- 白砂糖……100克
- 低筋面粉……80克
- 色拉油……70毫升
- 塔塔粉……2克
- 盐……1克
- 蛋黄……100克
- 牛奶……53毫升

工具

- 电动搅拌器……1个
- 打蛋器……1个
- 烤箱……1个
- 长柄刮板……1个
- 烘焙纸……1个
- 面包刀……1个
- 烤箱……1个

1 色拉油、牛奶倒入容器内，搅拌匀，加入低筋面粉，搅拌，倒入盐、蛋黄，搅拌呈丝带状。

2 蛋白倒入碗中，加入白砂糖、塔塔粉，打发至鸡尾状。

3 将一部分的蛋白倒入蛋黄内，搅拌匀，再放入剩下的一半，搅拌匀。

4 烤盘内垫上烘焙纸，撒上红豆粒，倒入拌好的蛋糕液，表面抹平，再振一下烤盘。

5 烤盘放入预热好的烤箱里，上火155℃、下火130℃，烤30分钟。

6 待时间到，将烤盘取出，倒出蛋糕，撕去烘焙纸，切成小方块装入盘中即可。

巧克力杯子蛋糕

烹饪时间　20 分钟

原料

低筋面粉............ 100 克
细砂糖................ 100 克
色拉油............ 100 毫升
鸡蛋.................. 100 克
可可粉...................10 克
泛打粉....................5 克

工具

电动搅拌器、长柄刮板、
裱花袋............... 各 1 个
剪刀........................1 把
蛋糕纸杯..................4 个
烤箱........................1 台

扫一扫，看视频

作法

1 将鸡蛋和细砂糖倒入备好的容器中，搅拌均匀。

2 加入低筋面粉，可可粉，泡打粉，继续搅拌，分次边倒入色拉油边搅拌均匀。

3 将拌好的材料装入裱花袋中，压匀，用剪刀剪去约 1 厘米。

4 模具杯放入烤盘，将袋中的材料依次挤入模具杯，约六分满即可。

5 打开烤箱，将烤盘放入烤箱中；关上烤箱，以上火 180℃、下火 160℃烤约 20 分钟至熟。

6 取出烤盘，把烤好的蛋糕装入盘中即可。

原味蛋糕杯

烹饪时间　25 分钟

原料

鸡蛋……120 克
糖粉……160 克
盐……3 克
黄油……150 克
牛奶……40 克
低筋面粉……220 克
泡打粉……8 克

工具

纸杯模具、烤箱、电动搅拌器、裱花袋、裱花嘴、长柄刮板……各 1 个

作法

1 低筋面粉内加入泡打粉、盐、牛奶、黄油倒入奶锅中，加热至黄油融化，备用。

2 鸡蛋倒入碗中，加入糖粉，打发至乳白色，分次加入拌好的面糊，拌匀。

3 再分次加入牛奶，搅拌匀。

4 蛋糕液装入裱花袋，逐一挤入纸杯内至八分满。

5 蛋糕放入预热好的烤箱内，上火 170℃、下火 150℃，烤 30 分钟。

6 待时间到，将其取出即可。

栗子鲜奶蛋糕

烹饪时间　17 分钟

原料

红豆粒……80 克
蛋白……200 克
细砂糖……100 克
低筋面粉……80 克
色拉油……70 毫升
塔塔粉……2 克
盐……1 克
蛋黄……100 克
牛奶……53 毫升
栗子馅……250 克
打发好的奶油……适量

工具

电动搅拌器、打蛋器、长柄刮板、裱花袋、裱花嘴……各 1 个
烤箱……1 台
烘焙纸……1 张
面包刀……1 把

1 将色拉油、牛奶倒入容器内，搅拌匀，加入低筋面粉，边倒边搅拌。

2 倒入备好的盐，搅拌片刻，放入蛋黄，搅拌呈丝带状；蛋白内加入白砂糖、塔塔粉，打发至鸡尾状。

3 将一部分的蛋白倒入蛋黄内，搅拌匀，再放入剩下的一半，搅拌匀。

4 烤盘内垫上烘焙纸，撒上红豆粒，倒入拌好的蛋糕液，表面抹平，再振一下烤盘。

5 烤盘放入预热好的烤箱里，上火 155℃、下火 130℃，烤 30 分钟。

6 取出，切块，取蛋糕，挤上奶油与栗子馅，铺上蛋糕，再挤上奶油与栗子馅，铺上三层，撒上装饰即可。

奶油麦芬蛋糕

烹饪时间 25分钟

[原料]

全蛋……………………210克
盐…………………………3克
色拉油……………………15克
牛奶………………… 40毫升
低筋面粉………………250克
泡打粉……………………8克
打发植物鲜奶油…… 90克
糖粉…………………… 160克
彩针……………………… 适量

[工具]

电动搅拌器、裱花袋、裱花嘴、蛋糕杯…… 各1个
剪刀……………………………1把
烤箱……………………………1台

1 把全蛋倒入碗中，加入糖粉、盐，快速搅匀；加入泡打粉、低筋面粉，搅成糊状；倒入牛奶，搅匀。

2 加入色拉油，搅拌，搅成纯滑的蛋糕浆。

3 把蛋糕浆装入裱花袋里，用剪刀剪开一小口；把蛋糕浆挤入烤盘蛋糕杯里，装约6分满。

4 将烤箱上火调为180℃，下火160℃，预热5分钟；打开烤箱门，将蛋糕生坯放入烤箱里。

5 关上烤箱门，烘烤5分钟至熟；戴上隔热手套，打开烤箱门，取出烤好的蛋糕。

6 把打发好的植物奶油装入套有裱花嘴的裱花袋里，挤在蛋糕上，逐个撒上彩针即可。

迷你蛋糕

烹饪时间　25 分钟

[原料]

蛋白部分：

蛋白........................4 个
塔塔粉.....................3 克
细砂糖............... 110 克

蛋黄部分：

低筋面粉................70 克
玉米淀粉................55 克
蛋黄........................4 个
色拉油.............. 55 毫升
清水.................. 20 毫升
泡打粉.....................2 克
细砂糖...................30 克

[工具]

搅拌器、电动搅拌器、长柄刮板、裱花袋 .. 各 1 个
剪刀........................1 把
蛋糕纸杯.................9 个
筛网........................1 个
烤箱........................1 台

扫一扫，看视频

1 将蛋黄、细砂糖倒入容器中，用搅拌器拌匀，加入色拉油、清水，搅拌匀。

2 用筛网将玉米淀粉、低筋面粉、泡打粉过筛至容器中，搅拌成糊状。

3 用电动搅拌器将蛋白打发至白色，分两次倒入细砂糖，拌匀，再加入塔塔粉，继续拌匀至其呈鸡尾状。

4 将一部分蛋白部分倒入蛋黄部分中，拌匀；将拌好的材料倒入剩余的蛋白部分中，搅拌匀。

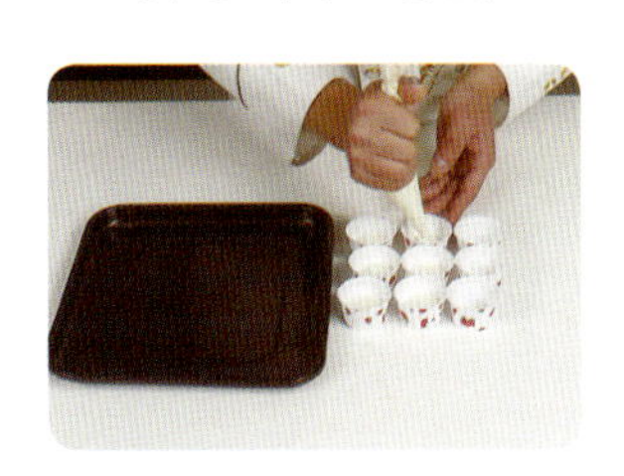

5 把拌好的材料装入裱花袋中，在尖端剪一个小口；将材料挤入蛋糕纸杯，至五分满。

6 把蛋糕纸杯放入烤盘，烤箱温度调成上火 160℃、下火 160℃，放入烤盘，烤 10 分钟至熟即可。

北海道戚风蛋糕

烹饪时间　16 分钟

原料

蛋黄部分：

- 低筋面粉……………75 克
- 泡打粉………………2 克
- 细砂糖………………25 克
- 色拉油………………40 毫升
- 蛋黄…………………75 克
- 牛奶…………………30 毫升

蛋白部分：

- 蛋白…………………150 克
- 细砂糖………………90 克
- 塔塔粉………………2 克

馅料部分：

- 鸡蛋…………………1 个
- 牛奶…………………150 毫升
- 细砂糖………………30 克
- 低筋面粉……………10 克
- 玉米淀粉……………7 克
- 奶油…………………7 克
- 淡奶油………………100 克

工具

长柄刮板、搅拌器、电动搅拌器、勺子、裱花袋各 1 个

- 剪刀…………………1 把
- 纸杯…………………4 个
- 烤箱…………………1 台

1 将细砂糖、蛋黄倒入容器中，搅拌均匀；加入低筋面粉、泡打粉，拌匀；倒入牛奶、色拉油，拌匀。

2 准备一个容器，加入细砂糖、蛋白、塔塔粉，拌匀之后用刮板将食材刮入前面的容器中，搅拌均匀。

3 另备容器，倒入鸡蛋、细砂糖，打发起泡，加入低筋面粉、玉米淀粉，黄油、淡奶油、牛奶，拌匀制成馅料。

4 将步骤 1-2 中拌好的食材刮入蛋糕纸杯中，约至六分满即可；将蛋糕纸杯放入烤盘中，待用。

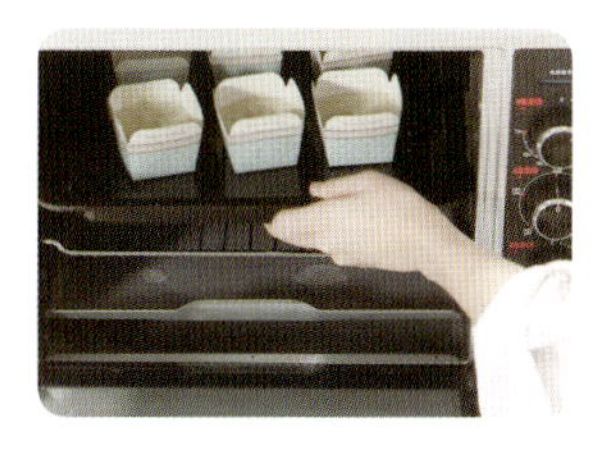

5 打开烤箱，将烤盘放入烤箱中；关上烤箱，以上火 180℃、下火 160℃烤约 15 分钟至熟。

6 取出烤盘，将拌好的馅料装入裱花袋中，压匀后用剪刀剪去约 1 厘米，把馅料挤在蛋糕表面即可。

PRESENT
FOR YOU

抹茶蛋糕杯

2 人份

烹饪时间 30 分钟

[原料]

鸡蛋......................120 克
糖粉...................... 160 克
盐...............................3 克
黄油...................... 150 克
牛奶.....................20 毫升
低筋面粉..............200 克
泡打粉.......................8 克
抹茶粉....................20 克

[工具]

纸杯模具、电动搅拌器、裱花袋、裱花嘴、长柄刮板........................ 各 1 个
烤箱.........................1 台

1 牛奶、黄油、抹茶粉倒入奶锅中，加热至黄油融化，备用。

2 低筋面粉内加入泡打粉、盐，搅拌匀。

3 鸡蛋内加入糖粉，打发至乳白色，分次加入拌好的面糊，拌匀，再分次加入牛奶，拌至均匀。

4 蛋糕液装入裱花袋，逐一挤入纸杯内至八分满。

5 蛋糕放入预热好的烤箱内，上火 170℃、下火 150℃，烤 30 分钟。

6 待时间到，将其取出即可。

核桃麦芽蛋糕

烹饪时间　30 分钟

[原料]

全蛋……………………210 克
盐……………………………3 克
色拉油……………… 15 毫升
牛奶………………… 40 毫升
低筋面粉……………250 克
泡打粉……………………8 克
糖粉………………… 160 克
核桃仁……………………40 克

[工具]

电动搅拌器……………1 个
剪刀………………………1 把
烤箱………………………1 台

1 把全蛋倒入碗中，加入糖粉、盐，用电动搅拌器快速搅匀；加入泡打粉、低筋面粉，搅成糊状。

2 倒入牛奶搅匀，加入色拉油，搅拌，搅成纯滑的蛋糕浆，装入裱花袋里，用剪刀剪开一小口。

3 把蛋糕浆挤入烤盘蛋糕杯里，装约 5 分满，逐一放入少许核桃仁，制成蛋糕生坯。

4 将烤箱上火调为 180 ℃，下火 160℃，预热 5 分钟。

5 打开烤箱门，把蛋糕生坯放入烤箱里；关上烤箱门，烘烤 15 分钟至熟。

6 戴上隔热手套，打开烤箱门，取出烤好的蛋糕，装盘即可。

北海道戚风杯

烹饪时间　26 分钟

[原料]

水果……………………适量

蛋白部分：

蛋白………………115 克

白糖………………110 克

塔塔粉…………………1 克

盐……………………1.5 克

蛋黄部分：

蛋黄…………………85 克

全蛋…………………60 克

色拉油……………60 毫升

低筋面粉……………80 克

奶粉……………………2 克

泡打粉…………………2 克

[工具]

搅拌器、电动搅拌器、长柄刮板……………各 1 个

蛋糕纸杯……………数个

烤箱……………………1 台

扫一扫，看视频

[作法]

1 取一个大碗，倒入全蛋、蛋黄，放入低筋面粉，用搅拌器搅匀，加入色拉油、盐、奶粉、泡打粉，搅拌匀。

2 另取一个大碗，倒入蛋白、白糖，用电动搅拌器搅匀，加入塔塔粉搅匀。

3 把蛋白部分放入蛋黄部分中，用长柄刮板搅匀。

4 取数个蛋糕纸杯，放在烤盘上，逐一倒入混合好的面糊，至七八分满。

5 放入烤箱，以上火 170℃、下火 170℃烤 15 分钟至熟。

6 从烤箱中取出烤盘，将切好的水果放入烤好的蛋糕上即可。

饼干、泡芙、司康

——乐趣多多，美味多多

饼干、泡芙和司康可谓是快手烘焙的代表了。只要简单的揉面、醒发、烘焙，就能马上吃到美味。另外，可人而多变的造型也是烘焙过程中的一大乐趣，除了我们介绍的造型，你也可以自己来创新哦。

玛格丽特小饼干

烹饪时间 20 分钟

[原料]

低筋面粉............ 100 克
玉米淀粉............ 100 克
黄油.................... 100 克
糖粉.......................80 克
盐............................2 克
熟蛋黄...................30 克

[工具]

刮板........................1 个
烤箱........................1 台

1 将低筋面粉、玉米淀粉倒在面板上，用刮板搅拌均匀；在中间掏出一个窝，倒入糖粉、黄油、盐、蛋黄。

2 一边翻动一边按压揉至面团均匀平滑；将揉好的面团搓成长条，用刮板切成大小一致的小段。

3 切好的小段用手掌揉圆，将揉好的面团放入备好的烤盘上。

4 用拇指压在面团上面，压出自然裂纹制成饼坯，将剩余的面团依次用此法制成饼坯。

5 将烤盘放入预热好的烤箱内，上火调为 170℃，下火调为 160℃，时间定为 20 分钟使其定型。

6 待 20 分钟后，戴上隔热手套将烤盘取出，待饼干放凉后将其装入盘中即可食用。

红糖核桃饼干

烹饪时间：20 分钟

原料

低筋面粉............170 克
蛋白......................30 克
泡打粉....................4 克
核桃......................80 克
黄油......................60 克
红糖......................50 克

工具

刮板........................1 个
烤箱........................1 台

作法

1 将低筋面粉倒于面板上，加入泡打粉，拌匀后铺开。

2 倒入蛋白、红糖，拌匀，倒入黄油，将面粉揉按成型，加入核桃，揉按均匀。

3 取适量面团，按捏成数个饼干生坯。

4 将制好的饼干生坯摆好装入烤盘，待用。

5 打开烤箱，将烤盘放入烤箱中。

6 关上烤箱，以上火、下火均为180℃，烤约20分钟至熟；取出烤盘，把烤好的黄油饼干装入盘中即可。

香葱苏打饼干

烹饪时间：20 分钟

原料

黄奶油……30 克
酵母粉……4 克
盐……3 克
低筋面粉……165 克
牛奶……90 毫升
苏打粉……1 克
葱花、白芝麻……各适量

工具

刮板、模具……各 1 个
擀面杖……1 根
叉子……1 把
烤箱……1 台

作法

1 把低筋面粉倒在案台上，用刮板开窝，倒入酵母，刮匀，加入白芝麻、苏打粉、盐、牛奶，揉搓匀。

2 加入黄奶油，揉匀，放入葱花，揉搓均匀。

3 用擀面杖把面团擀成 0.3 厘米厚的面皮；用模具压出数个饼干生坯。

4 把饼干生坯放入烤盘中，用叉子在饼干生坯上扎小孔。

5 将烤盘放入烤箱中，以上火 170℃、下火 170℃烤 15 分钟至熟；从烤箱中取出烤盘，将烤好的饼干装入盘中即可。

奶盐苏打饼

烹饪时间 25分钟

原料

面团：

酵母……5克
温水……90毫升
盐……3克
低筋面粉……150克
小苏打……1克
黄油……50克
鸡蛋……40克
奶粉……10克
食粉……1克
清水……适量

工具

刮板……1个
刀……1把
烤箱……1台
叉子……1把

1 低筋面粉倒在台板上，加入盐、食粉、酵母，混合匀。

2 在粉内开窝，加入水、鸡蛋，混合匀揉至成面团，放入黄油，充分混合匀。

3 先用擀面杖将面皮擀至薄；再用刀切成相同大小的小块。

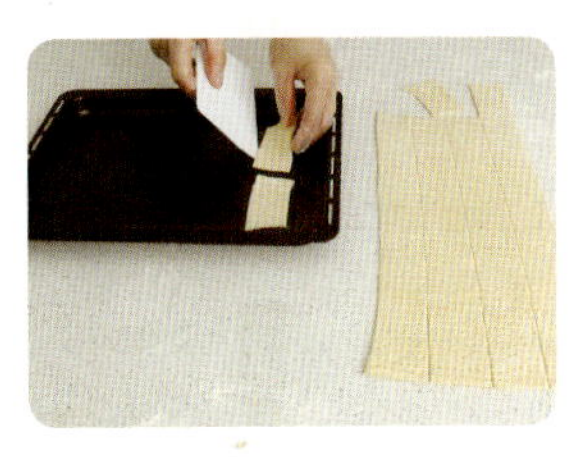

4 修去四边，用叉子在面皮上打上小洞，切成长方形面皮，放入烤盘。

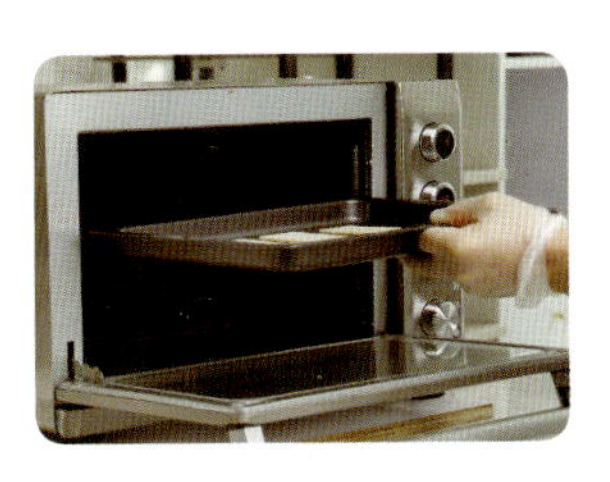

5 烤盘放入预热好的烤箱内，上火200℃、下火190℃，烤15分钟。

6 待时间到，将饼干取出即可。

蛋黄小饼干

烹饪时间　25 分钟

[原料]

低筋面粉................90 克
鸡蛋........................1 个
蛋黄........................1 个
白糖.......................50 克
泡打粉 ....2 克
香草粉 ....2 克

[工具]

刮板、裱花袋...... 各 1 个
烤箱........................1 台

扫一扫，看视频

[作法]

1 把低筋面粉装入碗里，加入泡打粉、香草粉，拌匀，倒在案台上，用刮板开窝。

2 倒入白糖，加入鸡蛋、蛋黄，搅匀。

3 将材料混合均匀，和成面糊。

4 把面糊装入裱花袋中，备用。

5 在烤盘铺一层高温布，挤上适量面糊，挤出数个饼干生坯。

6 将烤盘放入烤箱，以上火 170℃、下火 170℃烤 15 分钟至熟即可。

海苔肉松饼干

烹饪时间　80 分钟

[原料]

低筋面粉............150 克
黄奶油...................75 克
鸡蛋......................50 克
白糖......................10 克
盐............................3 克
泡打粉.....................3 克
肉松......................30 克
海苔........................2 克

[工具]

刮板........................1 个
蛋糕刀.....................1 把
烤箱........................1 台

[作法]

1 将低筋面粉倒在案台上，用刮板开窝，放入泡打粉，刮匀。

2 加入白糖、盐、鸡蛋，用刮板搅匀。

3 倒入黄奶油，揉搓成面团，加入海苔、肉松，揉搓均匀。

4 裹上保鲜膜，放冰箱冷冻 1 小时。

5 取出面团，去除保鲜膜，用刀切成 15 厘米厚的饼干生坯。

6 将饼干生坯放入铺有高温布的烤盘，放入烤箱，以上火 160℃、下火 160℃烤 15 分钟至熟即可。

朗姆葡萄饼干

烹饪时间　25 分钟

[原料]

黄奶油……………… 180 克
葡萄干……………… 100 克
低筋面粉……………125 克
朗姆酒……………… 20 毫升
糖粉………………… 150 克
泡打粉…………………3 克

[工具]

电动搅拌器、筛网、刮板
………………………… 各 1 个
烤箱……………………1 台

1 将黄奶油倒入大碗中，快速拌匀；倒入糖粉，搅拌均匀；将朗姆酒倒入葡萄干中，浸泡 5 分钟。

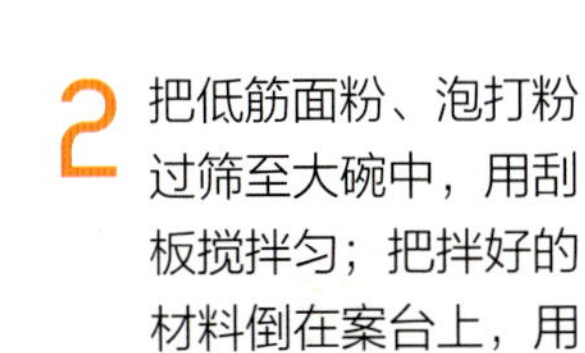

2 把低筋面粉、泡打粉过筛至大碗中，用刮板搅拌匀；把拌好的材料倒在案台上，用手按压，揉成面团。

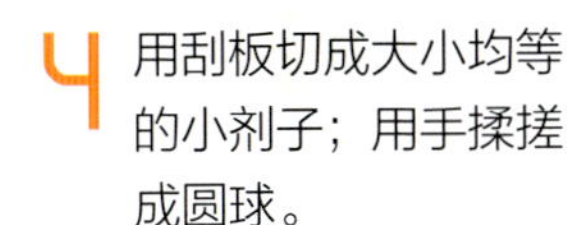

3 将浸泡过的葡萄干放到面团上，按压面团，揉搓均匀，再搓成长条形。

4 用刮板切成大小均等的小剂子；用手揉搓成圆球。

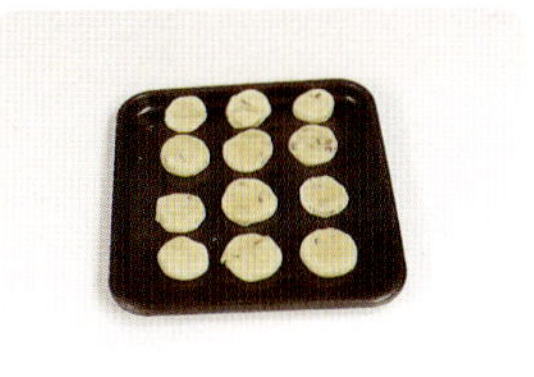

5 把小剂子放入烤盘，再将小剂子压平。

6 将烤盘放入烤箱，以上火 180℃、下火 180℃烤 15 分钟至熟，取出装盘即成。

柳橙饼干

烹饪时间　25 分钟

[原料]

奶油……………………120 克
糖粉……………………60 克
鸡蛋……………………1 个
低筋面粉………………200 克
杏仁粉…………………45 克
泡打粉…………………2 克
橙皮末…………………适量
橙汁……………………15 毫升

[工具]

电动搅拌器、筛网、刮板
……………………各 1 个
刷子……………………1 把
烤箱……………………1 台

1 将奶油、糖粉倒入大碗中，用电动搅拌器快速搅拌均匀；先倒入蛋白拌匀；再倒入剩下的鸡蛋拌匀。

2 将低筋面粉、杏仁粉、泡打粉过筛至大碗中，用刮板拌匀。

3 把搅拌好的材料倒在案台上，用手按压材料，揉搓成面团。

4 将橙皮末放到面团上，揉搓成细长条，用刮板切出数个大小均等的小剂子。

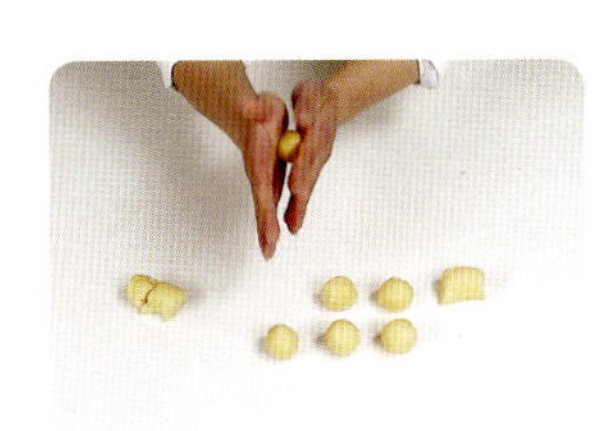

5 将小剂子搓成圆球，放入烤盘中，再刷上橙汁，放入烤盘中。

6 将烤盘放入烤箱，以上火 180℃、下火 180℃烤 15 分钟至熟即可。

花生奶油饼干

烹饪时间　60 分钟

[原料]

低筋面粉............ 100 克
鸡蛋........................1 个
黄奶油...................65 克
花生酱...................35 克
糖粉.......................50 克

[工具]

刮板........................1 个
保鲜膜................... 适量
烤箱........................1 台
叉子........................1 个
高温布.....................1 张
烤箱........................1 台

扫一扫，看视频

[作法]

1 操作台上倒入低筋面粉，用刮板开窝，倒入糖粉，加入鸡蛋，拌匀。

2 倒入花生酱，拌匀，刮入面粉拌匀，倒入黄奶油，将混合物按压揉制成纯滑面团。

3 将面团揉搓至粗圆条状，用保鲜膜将面团包裹，放入冰箱冷藏30分钟。

4 取出冻好的面团，撕去保鲜膜，用刀将面团切成约 1 厘米厚的圆块，制成饼干生坯。

5 烤盘中放入饼干生坯，预热烤箱，温度调成上下火 180℃。

6 将烤盘放入预热好的烤箱中，烤 20 分钟至熟，取出烤盘即可。

卡雷特饼干

3人份

烹饪时间　30 分钟

原料

黄奶油..................75 克
糖粉......................40 克
蛋黄......................10 克
低筋面粉...............95 克
泡打粉....................4 克
柠檬皮末................适量

装饰材料：

蛋黄........................1 个

工具

刮板........................1 个
叉子........................1 把
刷子........................1 把
模具........................数个
烤箱........................1 台

作法

1. 将低筋面粉倒在案台上，用刮板开窝；倒入泡打粉，刮向粉窝四周；加入糖粉、蛋黄，用刮板搅散。
2. 加入黄奶油，将材料混合均匀，揉搓成面团。
3. 把柠檬皮倒在面团上，揉搓均匀。
4. 将面团搓成长条，切成数个小剂子，放入模具中压实，制成生坯。
5. 在生坯上刷一层蛋黄，用叉子在生坯上划上条纹。
6. 把生坯放入预热好的烤箱里，关上箱门，以上火 180℃、下火 150℃烤 20 分钟至熟，取出即可。

高钙奶盐苏打饼干

烹饪时间　35分钟

[原料]

大面团：

低筋面粉……………100克
黄奶油……………20克
鸡蛋……………1个
食粉……………1克
酵母……………2克
水……………40毫升
奶粉……………10克

小面团：

盐……………1克
色拉油……………10毫升
低筋面粉……………30克

[工具]

刮板……………1个
擀面杖……………1个
叉子……………1个

1 将奶粉、低筋面粉、酵母、食粉混匀开窝，倒入水、鸡蛋，搅散，混和均匀，加入黄奶油，揉搓成面团。

2 将低筋面粉、色拉油、盐混匀，揉搓成小面团；用擀面杖将大面团擀成面皮，把小面团放在面皮上，压扁。

3 将面皮两端向中间对折，用擀面杖擀平，将两端向中间对折，再用擀面杖擀成方形面皮。

4 用刀将面皮边缘切齐整；用叉子在面皮上扎上均匀的小孔；把面皮切成长条块，再切成方块，制成饼坯。

5 将饼坯放入铺有高温布的烤盘里，放入预热好的烤箱里，以上火170℃、下火170℃烤15分钟。

6 打开箱门，取出把烤好的饼干，装入盘中即可。

苏打饼干

烹饪时间 11 分钟

原料

酵母……6 克
水……140 毫升
低筋面粉……300 克
盐……2 克
小苏打……2 克
黄奶油……60 克

工具

刮板……1 个
擀面杖……1 根
叉子……1 把
烤箱……1 台

1 将低筋面粉、酵母、苏打粉、盐倒在面板上，充分混匀，倒入水，用刮板搅拌使水被吸收。

2 加入黄油，一边翻搅一边按压，将所有食材混匀制成平滑的面团。

3 在面板上撒上干粉，放上面团，擀制成 1 毫米厚的面皮；将面皮四周修整齐，切成大小一致的长方片。

4 在烤盘内垫入高温布，将切好的面皮整齐地放入烤盘内，用叉子依次在每个面片上戳上装饰花纹。

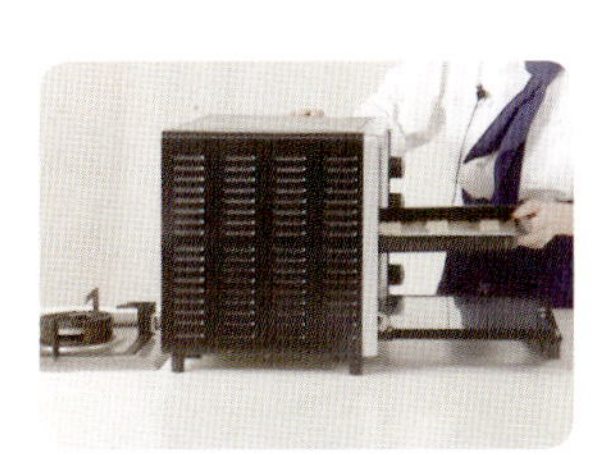

5 将烤盘放入预热好的烤箱，关上门，上、下火都调为 200℃，时间定为 10 分钟，烤至饼干松脆。

6 待 10 分钟过后，戴上隔热手套将烤盘取出放凉；将烤好的饼干装入盘中即可。

蛋白甜饼

3人份

烹饪时间 11分钟

原料

低筋面粉……………70克
蛋白……………40克
糖粉……………50克
黄油……………50克

工具

擀面杖……………1根
刮板、圆形模具..各1个
叉子……………1把
烤箱……………1台
裱花袋……………1个
搅拌器……………1个

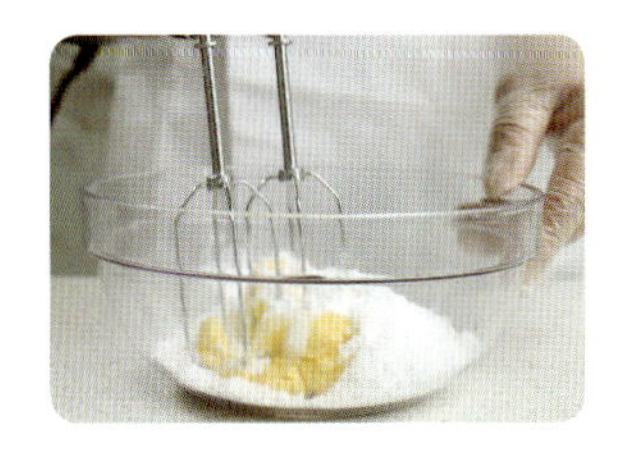

1 黄油倒入碗中，加入糖粉，打发至乳白色，加入蛋白，搅拌均匀。

2 分次加入低筋面粉，充分混合匀。

3 将面糊装入裱花袋。

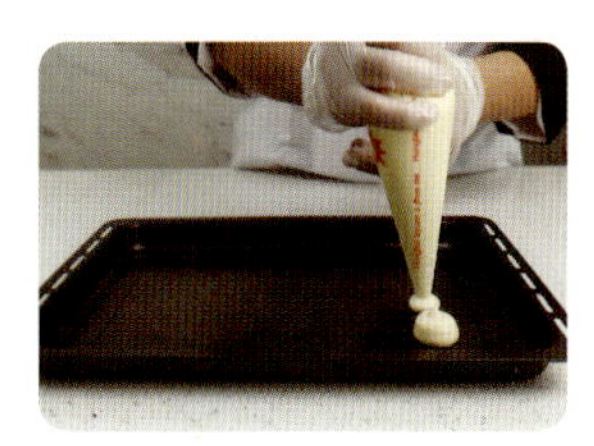

4 在烤盘上逐一挤上面团。

5 烤盘放入预热好的烤箱内，上火150℃、下火120℃，烤15分钟。

6 待时间到，将其取出即可。

红茶苏打饼干

烹饪时间　11 分钟

原料

酵母……………………3 克
水…………………70 毫升
低筋面粉…………150 克
盐………………………2 克
小苏打…………………2 克
黄奶油………………30 克
红茶末…………………5 克

工具

擀面杖…………………1 根
刮板……………………1 个
叉子、尺子………各 1 把
烤箱……………………1 台

作法

1 将低筋面粉、酵母、苏打粉、盐倒在面板上，充分混匀，在中间掏一个窝，倒入水搅拌混合均匀。

2 加入黄油、红茶末，将所有食材混匀，制成平滑的面团。

3 在面板上撒上些许干粉，放上面团，擀制成 0.1 厘米厚的面皮。

4 用菜刀将面皮四周修整齐，用尺子量好，将其切成大小一致的长方片。

5 在烤盘内垫入高温布，将切好的面皮整齐地放入烤盘内，用叉子依次在每个面片上戳上装饰花纹。

6 将烤盘放入烤箱内，以上、下火 200℃，烤 10 分钟至饼干松脆即可。

3人份 牛奶饼干

烹饪时间 10分钟

[原料]

低筋面粉............ 150克
糖粉......................40克
蛋白......................15克
黄油......................25克
淡奶油 50克

[工具]

刮板........................1个
擀面杖 1根
烤箱........................1台

扫一扫，看视频

[作法]

1 将低筋面粉倒在面板上，开窝，倒入糖粉、蛋白，在中间搅拌片刻。

2 加入黄油、淡奶油，将四周的粉覆盖中间，搅拌按压使面团均匀平滑。

3 将揉好的面团用擀面杖擀平擀薄制成0.3厘米厚的面片；用菜刀将面片四周切齐制成长方形的面皮。

4 修好的面皮再切成大小一致的小长方形制成饼干生坯，放入烤盘中。

5 将烤盘放入预热好的烤箱内，上、下火都调至160℃，定时10分钟烤至其熟透定型。

6 待10分钟后开箱，戴上隔热手套将烤盘取出即可。

巧克力核桃饼干

2人份

烹饪时间　40分钟

原料

核桃碎……………… 100克
黄奶油………………120克
杏仁粉…………………30克
细砂糖…………………50克
低筋面粉……………220克
鸡蛋…………………… 100克
黑巧克力液、白巧克力液
…………………………各适量

工具

刮板……………………1个
烤箱……………………1台

1 将低筋面粉、杏仁粉倒在案台上，用刮板开窝。

2 倒入细砂糖、鸡蛋，搅拌均匀；加入黄奶油，将材料混合均匀，揉揉成面团；放入核桃碎，揉成面团。

3 在面团上撒少许低筋面粉，再压成0.5厘米厚的面皮，再切成长方形面饼，放入烤盘，再放入烤箱中。

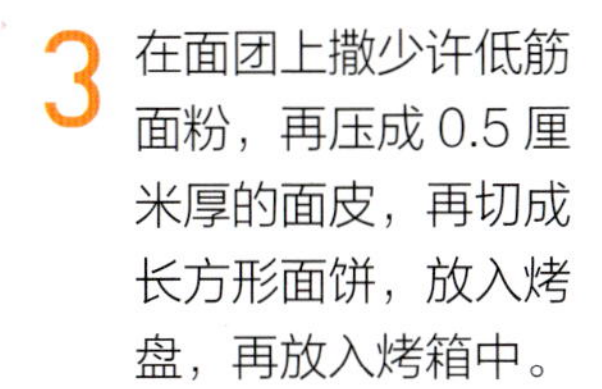

4 以上火150℃、下火150℃烤约18分钟至熟，从烤箱中取出烤盘。

5 将烤好的核桃饼干一端粘上适量白巧克力液，另一端粘上适量黑巧克力液。

6 将做好的核桃饼干装入盘中即可。

圣诞饼干

2人份

烹饪时间 35分钟

原料

色拉油……………50毫升
细砂糖……………50克
肉桂粉……………2克
纯牛奶……………45毫升
低筋面粉…………275克
全麦粉……………50克
红糖粉……………125克

工具

刮板……………………1个
擀面杖…………………1根
叉子、量尺、
小刀………………各1把
烤箱……………………1台

1 将低筋面粉、全麦粉、肉桂粉倒在案台上，开窝，倒入细砂糖、纯牛奶，拌匀；倒入红糖粉，拌匀。

2 加入色拉油，将材料混合均匀，揉搓成面团，擀成0.5厘米厚的面皮，将边缘切齐整，切成小方块。

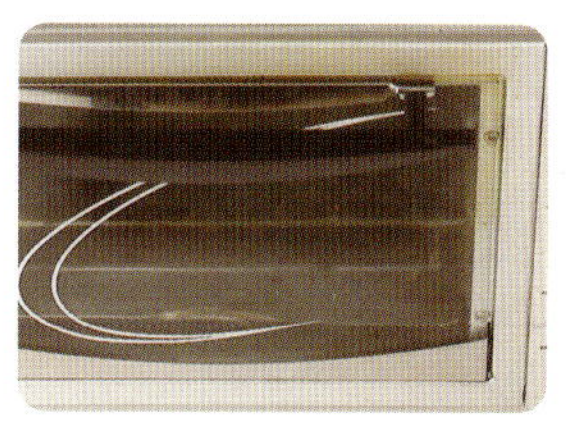

3 把生坯放在铺有高温布的烤盘里，用叉子在生坯上扎上小孔。

4 把烤箱调为上火160℃、下火160℃，预热8分钟。

5 将生坯放入烤箱里，关上箱门，烤20分钟至熟。

6 打开箱门，取出烤好的饼干，装盘即可。

巧克力奇普饼干

烹饪时间　15 分钟

原料

低筋面粉............100 克
黄油......................60 克
红糖......................30 克
细砂糖..................20 克
蛋黄......................20 克
核桃碎..................20 克
巧克力..................50 克
小苏打....................4 克
盐............................2 克
香草粉....................2 克

工具

电动搅拌器.............1 个
烤箱........................1 台

1 取一个容器，倒入黄油、细砂糖，搅拌均匀，再加入红糖、小苏打、盐、香草粉，充分搅拌均匀。

2 加入低筋面粉拌匀，再加入核桃、巧克力豆，持续搅拌片刻，再在手上沾上干粉，取适量的面团，搓圆。

3 将搓好的面团放入烤盘，用手掌轻轻按压制成饼状；将剩余的面团依次制成大小一致的饼坯。

4 将烤盘放入预热好的烤箱内，关好烤箱门。

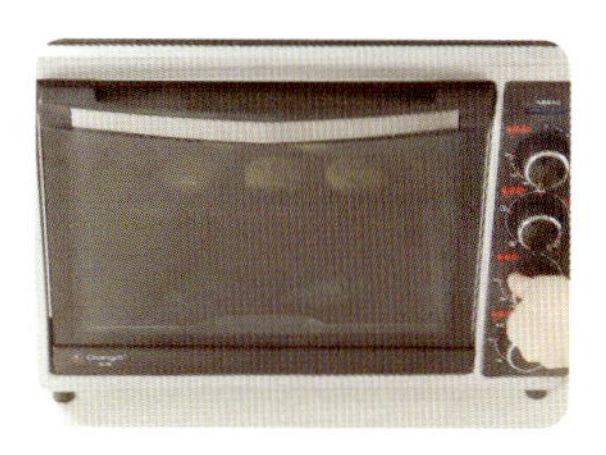

5 将上火调为 160℃，下火调为 160℃，时间定为 15 分钟使其松脆。

6 待 15 分钟后，戴上隔热手套将烤盘取出，将烤好的点心放入盘中即可食用。

椰蓉蛋酥饼干

烹饪时间　15 分钟

[原料]

低筋面粉............ 150 克
奶粉......................20 克
鸡蛋........................4 克
盐 ....2 克
细砂糖 ....60 克
黄油....................125 克
椰蓉......................50 克

[工具]

刮板........................1 个
烤箱........................1 台

[作法]

1 将低筋面粉、奶粉搅拌片刻，开窝。

2 加入细砂糖、盐、鸡蛋，在中间搅拌均匀。

3 倒入黄油，将四周的粉覆盖上去，一边翻搅一边按压至面团均匀平滑。

4 取适量面团揉成圆形，在外圈均匀粘上椰蓉。

5 放入烤盘，压成饼状，制成饼干生坯。

6 将烤盘放入预热好的烤箱里，调成上火 180℃、下火 150℃，时间定为 15 分钟烤制定型即可。

芝麻苏打饼干

烹饪时间 11分钟

[原料]

酵母……3克
水……70毫升
低筋面粉……150克
盐……2克
小苏打……2克
黄奶油……30克
白芝麻、黑芝麻……各适量

[工具]

擀面杖……1根
刮板……1个
叉子、尺子……各1把
烤箱……1台

[作法]

1 将低筋面粉、酵母、苏打粉、盐混匀，倒入水、黄奶油、黑芝麻、白芝麻，搅拌混合均匀，搓成纯滑的面团。

2 在面板上撒上干粉，放上面团，擀制成0.1厘米厚的面皮，将四周修整齐，切成大小一致的长方片。

3 将切好的面皮整齐地放入烤盘内，用叉子在面片上戳上装饰花纹。

4 将烤盘放入预热好的烤箱内，上火温度调为200℃，下火调为200℃，时间定为10分钟至饼干松脆即可。

抹茶饼干

2人份

烹饪时间 40分钟

原料

低筋面粉................60克
蛋白........................40克
糖粉........................50克
黄油........................50克
抹茶粉....................10克

工具

裱花袋、刮板、打蛋器
.... 各1个
烤箱........................1台

1 低筋面粉与抹茶粉混合匀。

2 黄油倒入碗中，加入糖粉，打发至乳白色。

3 加入蛋白、低筋面粉，充分混合匀。

4 将面糊装入裱花袋，在烤盘上逐一挤上面团。

5 烤盘放入预热好的烤箱内，上火150℃、下火120℃，烤15分钟。

6 待时间到，将其取出即可。

牛奶圆饼

烹饪时间 53分30秒

原料

低筋面粉............150克
糖粉......................40克
蛋白......................15克
黄油......................25克
牛奶..................50毫升

工具

模具、刮板、电动搅拌器
..........................各1个
擀面杖.....................1根
烤箱........................1台

1 黄油倒入碗中，加入糖粉，打发至乳白色。

2 加入蛋白、牛奶、低筋面粉，充分混匀制成面团。

3 面团放置平台上，擀成面皮。

4 用圆形模具压制成生坯，放入烤盘。

5 烤盘放入预热好的烤箱内，上、下火150℃，烤20分钟。

6 等待时间到，取出即可。

奶黄曲奇

烹饪时间 35分钟

原料

黄油......................130克
低筋面粉..............200克
鸡蛋.......................50克
糖粉.......................65克

工具

裱花袋、裱花嘴、电动搅拌器、长柄刮板 .. 各1个
烤箱.........................1台

1 黄油倒入碗中，加入糖粉，用搅拌器打至发白。

2 加入鸡蛋，再次打匀，分次加入低筋面粉，充分搅拌均匀。

3 拌好的面糊装入裱花袋内。

4 逐一地挤在烤盘上。

5 烤盘放入预热好的烤箱内，上火180℃、下火170℃，烤15分钟。

6 等待时间到，取出即可。

缤纷鲜果泡芙

烹饪时间 25分钟

原料

牛奶……………………80毫升
清水……………………100毫升
黄油……………………95克
高筋面粉………………50克
低筋面粉………………50克
盐………………………2.5克
鸡蛋……………………3克
色拉油…………………95毫升
打发奶油、草莓、猕猴桃
……………………………各适量

工具

裱花袋、打蛋器、裱花嘴、面包刀、长柄刮板……………………………各1个
烤箱……………………1台

1 牛奶、清水、盐、黄油、色拉油倒入奶锅中，加热煮至开。

2 加入高筋面粉、低筋面粉，充分搅拌匀，关火，逐个加入鸡蛋，搅拌至顺滑。

3 将拌好的面糊装入裱花袋，再逐一挤入烤盘内。

4 烤盘放入预热好的烤箱内，上、下火200℃，烤20分钟。

5 待烤好，将泡芙取出，从中间横切开。

6 挤入奶油，填放上草莓、猕猴桃即可。

闪电泡芙

烹饪时间　20 分钟

[原料]

牛奶................100 毫升
水....................120 毫升
黄奶油................120 克
低筋面粉................50 克
高筋面粉..............135 克
鸡蛋....................220 克
巧克力豆、巧克力液
..............................各适量
盐..............................3 克
白糖......................10 克

[工具]

三角铁板、电动搅拌器、
裱花袋、裱花嘴 .. 各 1 个
烤箱..........................1 台
高温布......................1 张

1 把水倒入容器中，倒入白糖、牛奶、盐、黄奶油，拌匀，煮至溶化。

2 倒入高筋面粉、低筋面粉拌匀，倒入大碗中，用电动搅拌机搅拌匀，分次加入鸡蛋，并搅拌均匀。

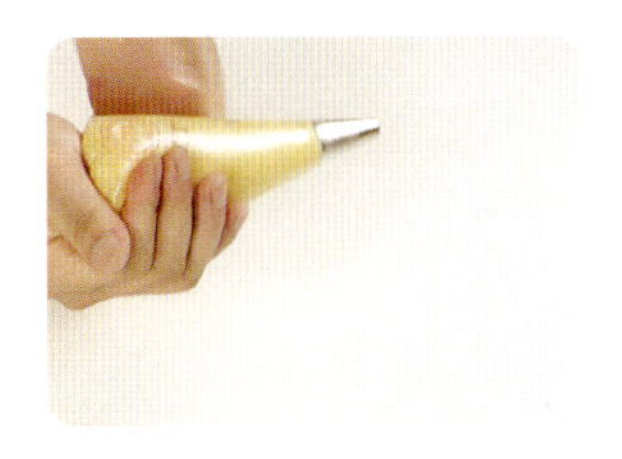

3 将花嘴装入裱花袋中，再剪一个小口，把拌好的材料盛入裱花袋中。

4 在烤盘铺上高温布，将面团挤入烤盘，挤成大小适中的条状。

5 放入烤箱，以上火 200℃、下火 200℃烤 15 分钟至熟，取出烤好的泡芙。

6 将烘焙纸铺在案台上，放上烤好的泡芙，倒入巧克力液，撒上巧克力豆，把成品装入盘中即可。

水果泡芙

烹饪时间　40 分钟

原料

牛奶……………110 毫升
水…………………35 毫升
黄奶油………………55 克
低筋面粉……………75 克
盐…………………………3 克
鸡蛋……………………2 个
已打发的鲜奶油……适量
什锦水果……………适量

工具

玻璃碗…………………1 个
勺子……………………1 把
电动搅拌器、烤箱…各 1 台
裱花袋…………………2 个
剪刀……………………1 把
小刀……………………1 把
烤焙纸…………………1 张

1 锅中倒入牛奶，加入水，用小火加热片刻，加入盐、黄油，不停搅拌至溶化。

2 关火后加入低筋面粉搅匀，制成黄油浆，倒入玻璃碗中，加入一个鸡蛋，用电动搅拌器搅匀。

3 倒入另一个鸡蛋拌匀，制成蛋糕浆；备好裱花袋，用刮板装入蛋糕浆，在裱花袋顶部剪一个小洞。

4 烤盘垫上烤焙纸，挤入数个大小均等的生坯，放入烤箱中，以上火 200℃、下火 200℃烤 20 分钟至熟。

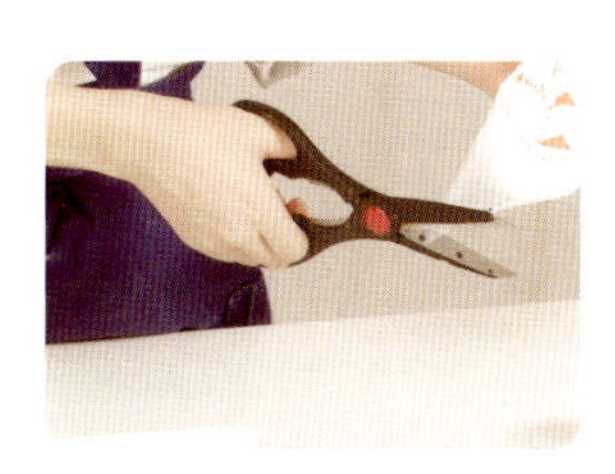

5 取出烤盘，将鲜奶油装进另一个裱花袋里，顶部剪一个小洞，用小刀逐一切开泡芙的侧面且勿切断。

6 将鲜奶油挤进每个泡芙切开的小口里，挤好鲜奶油的小口中逐一放入什锦水果，装盘即可。

冰激凌泡芙

烹饪时间 30 分钟

原料

低筋面粉................75 克
黄奶油...................55 克
鸡蛋.........................2 个
牛奶................. 110 毫升
清水.................. 75 毫升
糖粉、冰激凌.......各适量

工具

裱花袋、三角铁板、电动搅拌器、筛网...... 各 1 个
剪刀、小刀 .... 各 1 把

1 锅置火上，倒入清水、牛奶、黄奶油，用三角铁板拌匀，煮沸，关火后放入低筋面粉，拌匀，制成面团。

2 将面团倒入玻璃碗中，用电动搅拌器搅拌一下，将鸡蛋逐个倒入玻璃碗中，搅拌匀，制成面糊。

3 把面糊装入裱花袋中，取铺有高温布的烤盘，将裱花袋尖端剪去，均匀地挤出九份面糊。

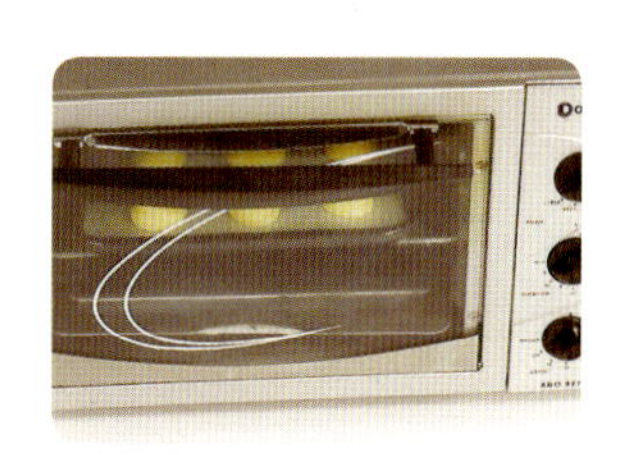

4 把烤盘放入烤箱中，将烤箱温度调成上火 170 ℃、下火 180℃，烤 10 分钟至熟。

5 取出烤盘，将烤好的泡芙装入盘中。

6 把泡芙切一刀，但不切断；填入适量冰激凌，将糖粉过筛至冰激凌泡芙上即可。

奶油泡芙

烹饪时间　25 分钟

原料

牛奶................110 毫升
水......................35 毫升
黄油......................55 克
低筋面粉................75 克
盐............................3 克
鸡蛋......................40 克
植物奶油、糖粉 ...各适量

工具

电动搅拌器、长柄刮板、
三角铁板、裱花袋、
筛网.................. 各 1 个
剪刀........................1 把
烤箱........................1 台

作法

1 奶锅置火上，倒入牛奶、水，搅拌至其沸腾，加入黄油，拌至融化。

2 加入盐，拌匀，关火后倒入低筋面粉，搅拌均匀，制成面团。

3 将搅拌好的面团倒入容器中，分次加入鸡蛋，用电动搅拌器打匀，装入裱花袋中，剪出一个口。

4 在烤盘上依次挤上面糊，放入烤箱内，以上火 190℃、下火 200℃，烤 20 分钟至其变得松软，取出。

5 将植物奶油倒入容器中，用电动搅拌器打至呈凤尾状，装入裱花袋中，用剪刀在尖端剪出一个小口。

6 用拇指在泡芙底部戳出一个小洞，挤入植物奶油，筛上糖粉即可。

巧克力果仁司康

烹饪时间 35 分钟

原料

高筋面粉……………90 克
糖粉……………30 克
全蛋……………1 个
低筋面粉……………90 克
黄奶油……………50 克
鲜奶油……………50 克
泡打粉……………3 克
蛋黄……………1 个
巧克力液……………适量
腰果碎……………20 克

工具

刮板……………1 个
擀面杖……………1 根
圆形模具……………2 个
刷子……………1 把
烤箱……………1 台

作法

1 将高筋面粉、低筋面粉混匀开窝，倒入黄奶油、糖粉、泡打粉、全蛋、鲜奶油，混合均匀，揉搓成面团。

2 将面团擀成约 2 厘米厚的面皮，用较大的模具压出圆形面坯，再用较小的模具在面坯上压出环状压痕。

3 将环形内的面皮撕开，把生坯放在案台上，静置至其中间成凹形。

4 把生坯放入烤盘里，在生坯边缘刷上适量蛋黄，放入预热好的烤箱里。

5 关上箱门，以上火 160℃、下火 160℃烤 20 分钟至熟。

6 打开箱门，取出烤好的面饼，装入盘中，倒入适量巧克力液，再撒上腰果碎，待稍微放凉后即可食用。

红茶司康

烹饪时间　52 分钟

原料

奶油………………110 克
泡打粉………………25 克
白糖………………125 克
低筋面粉…………100 克
牛奶……………250 毫升
高筋面粉…………500 克
红茶粉、盐………各适量
鸡蛋黄………………1 个

工具

擀面杖、压模……各 1 个
刷子…………………1 个

1 取一个大碗，倒入高筋面粉、低筋面粉、泡打粉，加入盐、白糖、红茶粉、奶油、牛奶。

2 搅拌至糖分溶化，制成面团，用保鲜膜包好，冷藏约 30 分钟，至面团醒发。

3 将鸡蛋黄倒入小碗中，打散、搅匀，制成蛋液；取冷藏好的面团，放在案板上，去除保鲜膜。

4 在案板上撒上面粉，把面团擀成约两厘米厚的圆饼；取压模，嵌入圆饼面团中，制成数个小剂子。

5 摆放在烤盘中，用刷子刷上一层蛋液，即成红茶司康生坯。

6 放入烤盘，以上火 175℃、下火 180℃ 的温度，烤至生坯呈金黄色，取出即可。

蔓越莓司康

烹饪时间　21分30秒

原料

黄油……55克
细砂糖……50克
高筋面粉……250克
泡打粉……17克
牛奶……125毫升
蔓越莓干……适量
低筋面粉……50克
蛋黄……1个

工具

刮板……1个
保鲜膜……1张
刷子……1把
擀面杖……1根
烤箱……1台

1 将高筋面粉、低筋面粉、泡打粉和匀，开窝；倒入细砂糖和牛奶，放入黄奶油。

2 慢慢地搅拌一会儿，至材料完全融合在一起，再揉成面团；再把面团铺开，放入蔓越莓干，揉搓一会儿。

3 覆上保鲜膜，包好，擀成约1厘米厚的面皮，放入冰箱冷藏半个小时。

4 取冷藏好的面皮，撕去保鲜膜，用模具按压，制成数个蔓越莓司康生坯。

5 生坯放在烤盘中，摆放整齐，刷上一层蛋液；烤箱预热，放入烤盘。

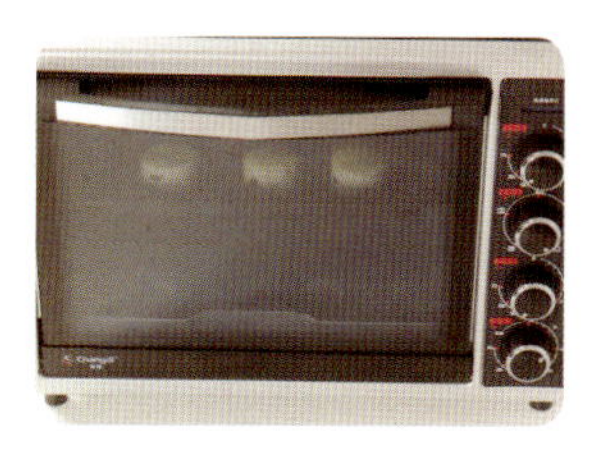

6 关好烤箱门，以上、下火均为180℃的温度烤至食材熟透，取出烤盘，摆盘即成。

巧克力司康

烹饪时间　30 分钟

原料

高筋面粉……………90 克
糖粉……………30 克
全蛋……………1 个
低筋面粉……………90 克
黄奶油……………50 克
鲜奶油……………50 克
泡打粉……………3 克
黑巧克力液、白巧克力液、蛋黄……………各适量

工具

刮板……………1 个
擀面杖……………1 根
圆形模具……………2 个
刷子……………1 把
烤箱……………1 台

1 将高筋面粉、低筋面粉混匀开窝，倒入黄奶油、糖粉、泡打粉、全蛋、鲜奶油，混合揉搓成湿面团。

2 将面团擀成约 2 厘米厚的面皮；用较大的模具压出圆形面坯，再用较小的模具在面坯上压出环状压痕。

3 将环形内的面皮撕开，把生坯放在案台上，静置至其中间成凹形，再放入烤盘里，刷上适量蛋黄液。

4 把生坯放入预热好的烤箱里，关上箱门，以上火 160℃、下火 160℃烤 15 分钟至熟。

5 打开箱门，把烤好的司康取出；把司康装入盘中，倒入适量白巧克力液。

6 用筷子蘸少许黑巧克力液，在司康上划圈，划出花纹，待稍微放凉后即可食用。

红豆司康

2人份

烹饪时间　60分钟

原料

黄奶油……60克
糖粉……60克
盐……1克
低筋面粉……50克
高筋面粉……250克
泡打粉……12克
牛奶……125毫升
红豆馅……30克
蛋黄……1个

工具

刮板、模具……各1个
刷子……1把
烤箱……1台

1 将低筋面粉、高筋面粉拌匀，倒在案台上，用刮板开窝。

2 倒入牛奶，撒入泡打粉、盐、黄奶油、糖粉、红豆馅混匀，揉搓成面团。

3 用保鲜膜将面团包好，放入冰箱冷藏30分钟，取出，用手压平，去除保鲜膜。

4 将模具放在面团上，按压一下，制成圆形面团；放入烤盘，刷上适量蛋黄。

5 将烤盘放入烤箱，以上火180℃、下火180℃烤约15分钟至熟。

6 从烤箱中取出烤盘，将烤好的红豆司康装入盘中即可。

柠檬司康

烹饪时间 60 分钟

原料

黄奶油……60 克
糖粉……60 克
盐……1 克
低筋面粉……50 克
高筋面粉……250 克
泡打粉……12 克
牛奶……125 毫升
柠檬皮末……8 克
蛋黄……1 个

工具

刮板、模具……各 1 个
刷子……1 把
烤箱……1 台

1 将低筋面粉、泡打粉、糖粉、盐、柠檬皮末倒入高筋面粉中，混合均匀，倒在案台上，用刮板开窝。

2 加入牛奶、黄奶油，混匀，揉搓成面团；用保鲜膜将面团包好，放入冰箱冷藏 30 分钟。

3 取出面团，撕掉保鲜膜，用手压平，将模具放在面团上，按压一下，制成圆形面团。

4 放入预热好的烤盘中，刷上适量蛋黄。

5 将烤盘放入烤箱，以上火 180、下火 180 烤 15 分钟至熟。

6 从烤箱中取出烤盘，将烤好的柠檬司康装入盘中即可。

香葱司康

烹饪时间　52 分钟

[原料]

奶油.................. 110 克
牛奶................250 毫升
低筋面粉............ 500 克
细砂糖 .... 150 克
香葱粒 .... 适量
火腿粒 ....10 克
泡打粉 ....27 克
盐 ....2 克
蛋黄.......................1 个

[工具]

擀面杖、压模...... 各 1 个
刷子.......................1 个

[作法]

1 将低筋面粉倒入容器中，加入细砂糖、盐，撒上香葱粒、火腿粒。

2 再放入泡打粉、奶油，倒入牛奶，慢慢搅拌一会儿，揉搓成面团。

3 把面团置于案板上，用保鲜膜包好，冷藏约 30 分钟，至面团醒发。

4 取冷藏好的面团，去除保鲜膜，撒上少许面粉，擀成约 2 厘米厚的圆饼。

5 取模具嵌入圆饼面团中，制成数个小剂子，摆放在烤盘中，用刷子刷上一层蛋黄，即成香葱司康生坯。

6 放入烤箱，以上火 175℃、下火 180℃，烤至生坯呈金黄色即可。

小面包

——迷你的精致和美味

面包，已经越来越成为我们日常生活中不可缺少的饮食元素了。本章中，我们为您介绍小巧可爱又精致美味的小面包，闲暇的时候在家里做几个，既可以作为下午茶，又能招待朋友，何乐而不为呢？

丹麦羊角面包

烹饪时间　40 分钟

原料

高筋面粉............170 克
低筋面粉...............30 克
细砂糖..................50 克
黄奶油..................20 克
奶粉......................12 克
盐...........................3 克
干酵母....................5 克
水.....................88 毫升
鸡蛋......................40 克
片状酥油...............70 克
蜂蜜......................40 克

工具

玻璃碗、刮板、刷子
..........................各 1 个
擀面杖....................1 根
油纸........................1 张

1 将低筋面粉、高筋面粉混合拌匀，倒入奶粉、干酵母、盐，拌匀，倒在案台上，用刮板开窝。

2 倒入水、细砂糖、蛋黄、奶油，揉搓成光滑的面团；用油纸包好片状酥油，用擀面杖将其擀薄，待用。

3 将面团擀成薄片，放上酥油片，擀平；先将三分之一的面皮折叠，将上述动作重复操作两次，制成酥皮。

4 取酥皮，分别将擀好的三角形酥皮卷至橄榄状生坯；备好烤盘，放上橄榄状生坯，将其刷上一层蛋液。

5 预热烤箱，温度调至上火 200℃、下火 200℃；烤盘放入预热好的烤箱中，烤 15 分钟至熟。

6 取出烤盘，在烤好的面包上刷上一层蜂蜜，将刷好蜂蜜的羊角面包装盘即可。

丹麦樱桃面包

烹饪时间　40 分钟

原料

酥皮部分：

高筋面粉............ 170 克
低筋面粉................30 克
细砂糖...................50 克
黄奶油...................20 克
奶粉.......................12 克
盐............................3 克
干酵母.....................5 克
水.....................88 毫升
鸡蛋.......................40 克
片状酥油................70 克

馅部分：

樱桃....................... 适量

工具

玻璃碗、刮板...... 各 1 个
圆形模具.................2 个
油纸........................1 张

1 将低筋面粉、高筋面粉混合拌匀，倒入奶粉、干酵母、盐，拌匀，倒在案台上，用刮板开窝。

2 倒入水、细砂糖、鸡蛋、黄奶油，揉搓成光滑的面团；用油纸包好片状酥油，用擀面杖将其擀薄，待用。

3 将面团擀成薄片，制成面皮；放上酥油片，擀平；先将三分之一的面皮折叠，再制成酥皮。

4 取酥皮，用圆形模具压制出两个圆状饼坯，将圆圈饼坯放在圆状饼坯上方，制成面包生坯。

5 备好烤盘，放上生坯，生坯环中放上樱桃；预热烤箱，温度调至上火 200℃、下火 200℃。

6 烤盘放入预热好的烤箱中，烤 15 分钟至熟；取出烤盘，将烤好的面包装盘即可。

丹麦红豆包

烹饪时间 140分钟

[原料]

酥皮：

高筋面粉............170克
低筋面粉...............30克
细砂糖..................50克
黄奶油..................20克
奶粉......................12克
盐...........................3克
干酵母....................5克
水.....................88毫升
鸡蛋......................40克
片状酥油...............70克

馅料：

蜜红豆..................60克

[工具]

刮板.........................1个
擀面杖.....................1根
烤箱.........................1台
小刀.........................1把
油纸.........................1张

1 将低筋面粉、高筋面粉混合，加入奶粉、干酵母、盐、水、细砂糖、鸡蛋、黄奶油，揉搓成面团。

2 用擀面杖将片状酥油擀薄，将面团擀成薄片，放上酥油片，把面皮擀平，放入冰箱，冷藏10分钟。

3 取适量酥皮，用擀面杖擀薄，用刀将边缘切平整，铺上蜜红豆，纵向将酥皮对折，制成生坯。

4 把生坯装入烤盘，常温发酵5小时。

5 将烤箱上下火均调为190℃，预热5分钟，打开箱门，放入发酵好的生坯，烘烤20分钟至熟。

6 戴上手套，打开箱门，将烤好的面包取出，将面包装盘即可。

红豆杂粮面包

烹饪时间　120 分钟

原料

高筋面粉............. 160 克
杂粮粉 ....350 克
鸡蛋.........................1 个
黄奶油 ....70 克
奶粉.......................20 克
水 .... 200 毫升
细砂糖 .... 100 克
盐 ....5 克
酵母.........................8 克
红豆粒 ....20 克

工具

刮板、筛网 .... 各 1 个
小刀.........................1 把
烤箱.........................1 台

1 将杂粮粉、150 克高筋面粉、酵母、奶粉倒在案台上，用刮板开窝。

2 倒入细砂糖、水，用刮板拌匀，将材料混合均匀，揉搓成面团。

3 将面团稍微压平，加入鸡蛋、盐、黄奶油，搓匀，取其中一个面团，拉平，放入红豆粒，收口。

4 将做好的生坯放在烤盘中，发酵 90 分钟，在发酵好的生坯上用小刀划十字，将高筋面粉过筛至生坯上。

5 把烤盘放入烤箱中，以上火 190℃、下火 190℃烤 15 分钟至熟。

6 取出烤盘，将烤好的红豆杂粮面包装入盘中即可。

豆沙杂粮包

烹饪时间　120 分钟

[原料]

高筋面粉............ 150 克
杂粮粉 ....350 克
鸡蛋........................1 个
黄奶油 ....70 克
奶粉.........................20 克
水 .... 200 毫升
细砂糖 .... 100 克
盐 ....5 克
酵母.........................8 克
豆沙...................... 适量

[工具]

刮板、筛网 .... 各 1 个
小刀........................1 把
烤箱........................1 台

1 将杂粮粉、高筋面粉、酵母、奶粉倒在案台上，用刮板开窝。

2 倒入细砂糖、水，用刮板拌匀，将材料混合均匀，揉搓成面团，压平，加入鸡蛋，并按压揉匀。

3 加入盐、黄奶油，揉搓匀，揉成数个面团，取两个面团，放上豆沙，包好，并揉圆，制成生坯，按平。

4 将豆沙杂粮包生坯放在烤盘上，发酵 90 分钟，用刀画上花纹，成叶子状，将高筋面粉过筛至生坯上。

5 将烤盘放入烤箱，再以上火 190℃、下火 190℃烤 15 分钟至熟。

6 取出烤盘，将烤好的豆沙杂粮包装入盘中即可。

蒜香面包

烹饪时间　155 分钟

[原料]

面团部分：

高筋面粉............500 克
黄奶油..................70 克
奶粉.......................20 克
细砂糖...............100 克
盐............................5 克
鸡蛋........................1 个
水...................200 毫升
酵母........................8 克

馅部分：

蒜泥.......................50 克
黄油.......................50 克

[工具]

刮板、搅拌器......各 1 个
擀面杖.....................1 根
面包纸杯................数个
烤箱.........................1 台
保鲜膜.....................1 张

[作法]

1 将细砂糖、水倒入容器中，拌匀。

2 把高筋面粉、酵母、奶粉、糖水、鸡蛋、黄奶油、盐混合均匀，揉搓成面团。

3 备一玻璃碗，倒入蒜泥、黄油，拌匀，制成蒜泥馅。

4 取面团，搓圆成小面团，放入蒜泥馅，逐个搓揉均匀成面包生坯。

5 取备好的面包纸杯，放入生坯，常温发酵 2 小时至原来的一倍大。

6 烤盘中放入生坯，将烤盘放入预热好的烤箱中，烤 10 分钟至熟，取出烤好的面包即可。

英国生姜面包

烹饪时间 155分钟

原料

面团部分：

高筋面粉............500克
黄奶油..................70克
奶粉......................20克
细砂糖................100克
盐...........................5克
鸡蛋.......................1个
水...................200毫升
酵母.......................8克

馅部分：

姜粉......................10克
黄奶油..................20克

工具

刮板、搅拌器......各1个
擀面杖....................1根
面包纸杯................数个
烤箱........................1台
保鲜膜....................1张

作法

1 把细砂糖、水、高筋面粉、酵母、奶粉、鸡蛋，混合均匀，揉搓成面团。

2 将面团稍微拉平，倒入黄奶油、盐，揉搓成光滑的面团，用保鲜膜将面团包好，静置10分钟。

3 取面团，压平，倒入姜粉，搓揉均匀至成纯滑的面团。

4 将其切成四等份，分别均匀揉至成小球生坯，烤盘中放入生坯，常温发酵2小时至原来一倍大。

5 将发酵好的生坯放入预热好的烤箱中，温度调至上火190℃、下火190℃，烤10分钟至熟，取出烤好的面包即可。

德式裸麦面包

烹饪时间 10分钟

原料

高筋面粉............500克
黄奶油..................70克
奶粉......................20克
细砂糖...............100克
盐............................5克
鸡蛋........................1个
水....................200毫升
酵母........................8克
裸麦粉..................50克

工具

刮板........................1个
打蛋器....................1个
筛网........................1个
刀片........................1把
烤箱........................1台
保鲜膜....................1张

1 将细砂糖倒入玻璃碗中，加入清水，用打蛋器搅拌均匀，搅拌成糖水待用。

2 将高筋面粉倒在案台上，加入酵母、奶粉、糖水、鸡蛋、黄奶油、盐，揉成光滑的面团。

3 用保鲜膜把面团包裹好，再静置10分钟醒面。

4 取面团，倒入裸麦粉，揉匀，分成均等的两个剂子；放入烤盘发酵；高筋面粉过筛，撒上面团上。

5 用刀片在生坯表面划出花瓣样划痕；烤箱上火调为190℃、下火调190℃预热。

6 将烤盘放入烤箱，烤10分钟后，戴上隔热手套将烤盘取出，将放凉后的面包装盘中即可。

法式面包

烹饪时间　19 分 30 秒

原料

高筋面粉……………250 克
酵母…………………5 克
水…………………80 毫升
鸡蛋…………………1 个
黄奶油………………20 克
盐……………………1 克
细砂糖………………20 克

工具

刮板、刀片……… 各 1 个
擀面杖………………1 根
烤箱…………………1 台

1 将高筋面粉、酵母、鸡蛋、细砂糖、盐、水、黄奶油混合均匀，再揉成面团。

2 用备好的电子秤称取 80 克左右的面团，依次称取两个面团，将面团揉圆。

3 取面团，压扁，卷成橄榄形状，装在烤盘中，待发酵至两倍大，在生坯表面斜划两刀。

4 烤箱预热，把烤盘放入中层。

5 关好烤箱门，以上、下火同为 200℃的温度烤约 15 分钟，至食材熟透。

6 断电后取出烤盘，稍稍冷却后拿出烤好的成品，装盘即可。

丹麦苹果面包

烹饪时间 135分钟

原料

酥皮：

高筋面粉............ 170克
低筋面粉................30克
细砂糖 50克
黄奶油 20克
奶粉......................12克
盐 3克
干酵母 5克
水 88毫升
鸡蛋......................40克
片状酥油................70克

馅料：

奶油杏仁馅 30克
苹果肉 40克

装饰：

巧克力果胶、
花生碎 ....各适量

工具

刮板........................1个
擀面杖 1根
刷子........................1把
烤箱........................1台

1 将低筋面粉、高筋面粉、奶粉、干酵母、盐、水、细砂糖、鸡蛋、黄奶油混合，揉搓成光滑的面团。

2 用擀面杖将片状酥油擀薄，擀成薄片，放上酥油片，折叠，放入冰箱冷藏10分钟。

3 取适量酥皮，用擀面杖擀薄，用刀将边缘切平整。

4 用刷子刷上奶油杏仁馅，放上苹果肉，将酥皮对折，刷上巧克力果胶，撒上花生碎，常温发酵1.5小时。

5 将烤箱上下火均调为190℃，预热5分钟，打开箱门，放入发酵好的生坯。

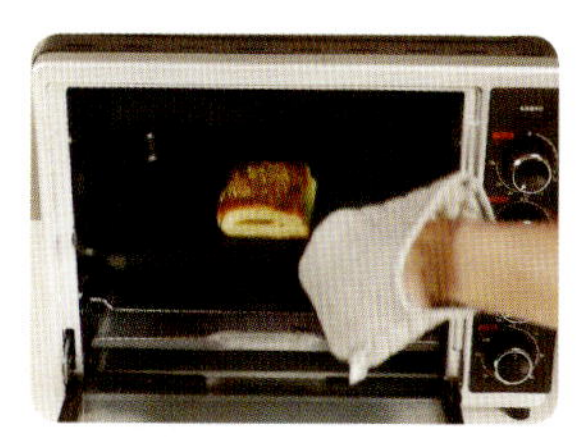

6 关上箱门，烘烤15分钟至熟，打开箱门，将烤好的面包取出，将面包装盘即可。

杏仁起酥面包

烹饪时间 40 分钟

原料

酥皮部分：

高筋面粉............170 克
低筋面粉...............30 克
细砂糖..................50 克
黄奶油..................20 克
奶粉......................12 克
盐...........................3 克
干酵母....................5 克
水.....................88 毫升
鸡蛋......................40 克
片状酥油...............70 克

馅部分：

杏仁片..................40 克
鸡蛋........................1 个

工具

玻璃碗、刮板、刷子
.... 各 1 个
油纸........................1 张
小刀........................1 把

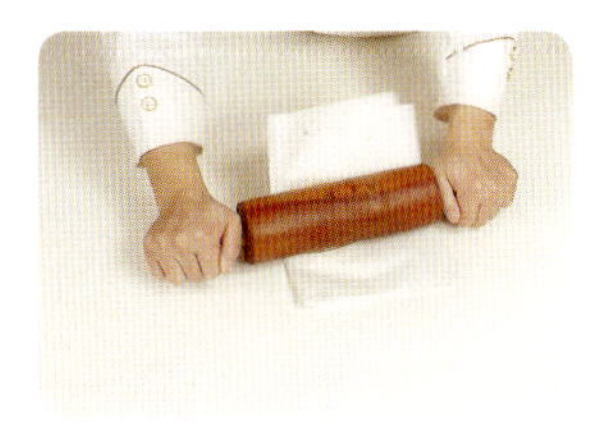

1 将低筋面粉、高筋面粉混合，倒入奶粉、干酵母、盐、水、细砂糖、鸡蛋、黄奶油，揉搓成面团。

2 将面团擀成薄片，放上酥油片，将面皮折叠，擀平；将上述动作重复操作两次，制成酥皮。

3 案台撒上低筋面粉，取酥皮，切成两块长方条，修整边缘切平整；开一条道子，扯开成一个口子。

4 将酥皮两边扭成麻花状，面包生坯制成；备好烤盘，放上生坯，用刷子分别将其刷上一层蛋液。

5 刷好蛋液的生坯中央逐一撒上杏仁片；预热烤箱，温度调至上火 200℃、下火 200℃。

6 放入预热好的烤箱中，烤 15 分钟至熟，取出即可。

罗宋包

烹饪时间 135 分钟

[原料]

高筋面粉............500 克
黄奶油..................70 克
奶粉......................20 克
细砂糖................100 克
盐............................5 克
鸡蛋......................50 克
水..................200 毫升
酵母........................8 克
黄奶油、低筋面粉
............................各适量

[工具]

刮板、搅拌器、筛网各 1 个
擀面杖.....................1 根
小刀........................1 把
烤箱........................1 台

[作法]

1 把细砂糖、水、高筋面粉、酵母、奶粉混合均匀，并按压成形。

2 加入鸡蛋、黄奶油、盐，揉搓面团。

3 把小面团揉搓成圆形，用擀面杖将面团擀平，揉成橄榄形。

4 放入烤盘，发酵 90 分钟，小刀划口子，放入黄奶油，将低筋面粉过筛至面团上。

5 把烤盘放入烤箱中，以上火 190℃、下火 190℃烤 15 分钟至熟，取出烤盘，将烤好的罗宋包装入盘中即可。

早餐包

烹饪时间 125 分钟

原料

高筋面粉............500 克
黄奶油..................70 克
奶粉......................20 克
细砂糖............... 100 克
盐...........................5 克
鸡蛋........................1 个
水....................200 毫升
酵母........................8 克
蜂蜜...................... 适量

工具

搅拌器、刮板...... 各 1 个
保鲜膜.....................1 张
烤箱........................1 台
刷子........................1 把
保鲜膜.....................1 张

作法

1 把细砂糖、水、高筋面粉、酵母、奶粉混合均匀，压成形。

2 加入鸡蛋、黄奶油、盐，揉搓成光滑的面团。

3 用保鲜膜包好，静置 10 分钟。

4 把小面团揉搓成圆球形，放入烤盘中，使其发酵 90 分钟。

5 将烤盘放入烤箱，烤 15 分钟至熟。

6 从烤箱中取出烤盘，将烤好的早餐包装入盘中，刷上蜂蜜即可。

菠萝包

烹饪时间　140 分钟

[原料]

高筋面粉............500 克
黄奶油....................70 克
奶粉.......................20 克
细砂糖................100 克
盐...........................5 克
鸡蛋.......................50 克
水....................200 毫升
酵母.........................8 克

酥皮：

低筋面粉..............125 克
细砂糖................100 克
黄奶油...................37 克
泡打粉.....................2 克
食粉........................1 克
臭粉........................1 克
水......................15 毫升

[工具]

刮板、搅拌器......各 1 个
擀面杖....................1 根
刷子........................1 把
烤箱........................1 台
保鲜膜....................2 张
竹签........................1 根

1 把细砂糖、水、高筋面粉、酵母、奶粉、鸡蛋、黄奶油、盐，揉搓成光滑的面团。

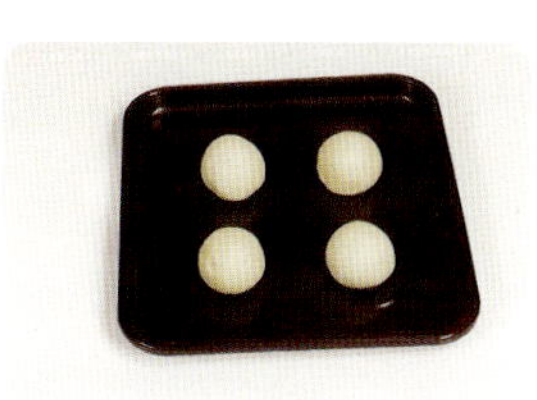

2 用保鲜膜将面团包好，静置 10 分钟；分成小面团，揉搓成圆形，再放入烤盘中，发酵 90 分钟。

3 将低筋面粉、水、细砂糖、臭粉、食粉、黄奶油混合匀，揉搓成面团，擀成薄片，制成酥皮。

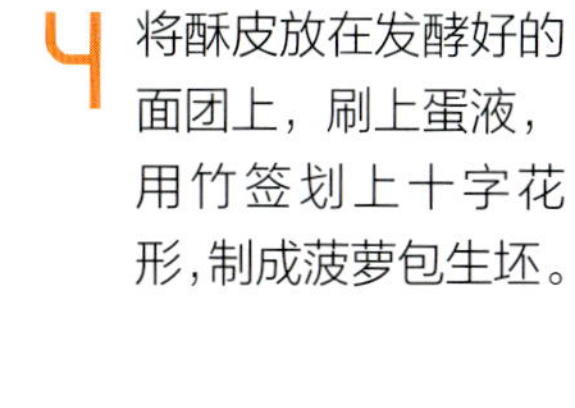

4 将酥皮放在发酵好的面团上，刷上蛋液，用竹签划上十字花形，制成菠萝包生坯。

5 把烤盘放入烤箱，以上火 190℃、下火 190℃，烤 15 分钟。

6 从烤箱中取出烤盘，将烤好的菠萝包装入盘中即可。

金牛角包

烹饪时间　125 分钟

原料

高筋面粉............500 克
黄奶油..................70 克
奶粉.......................20 克
细砂糖................100 克
盐............................5 克
鸡蛋.......................50 克
水..................200 毫升
酵母.........................8 克
蛋黄.........................1 个

工具

刮板、搅拌器......各 1 个
擀面杖.....................1 根
烤箱.........................1 台
刷子.........................1 把
保鲜膜.....................1 张

1 将细砂糖、水倒入容器中，拌至细砂糖溶化，制成糖水；把高筋面粉、酵母、奶粉倒在案台上，开窝。

2 加入糖水、鸡蛋、黄奶油、盐，揉搓成光滑的面团，用保鲜膜将面团包好，静置 10 分钟。

3 将面团分成小面团，拉成细长条，用擀面杖擀成片，卷成卷，揉搓匀，呈长条状，制成牛角包生坯。

4 把牛角包生坯放入烤盘，使其发酵 90 分钟，刷上蛋液。

5 将烤盘放入烤箱，以上火 190℃、下火 190℃，烤 15 分钟至熟。

6 从烤箱中取出烤盘，将烤好的金牛角包装入容器中即可。

手撕包

3人份

烹饪时间 135分钟

原料

高筋面粉............170克
低筋面粉...............30克
细砂糖..................50克
黄奶油..................20克
奶粉......................12克
盐...........................3克
酵母.......................5克
水......................88毫升
鸡蛋......................40克
片状酥油...............70克
蜂蜜..................... 适量

工具

刮板........................1个
擀面杖....................1根
刀子、刷子......... 各1把
烤箱........................1台
油纸........................1张

1 将低筋面粉、高筋面粉混合均匀，放入奶粉、酵母、盐、水、细砂糖、鸡蛋、黄奶油，揉搓成面团。

2 将片状酥油放在油纸上，用擀面杖擀成薄片，放上面团，擀平，放入冰箱，冷藏10分钟。

3 取出冷藏好的面团，擀平，卷起呈圆圈形，按压，制成生坯。

4 把生坯放入烤盘，发酵90分钟。

5 将烤盘放入烤箱，以上火200℃、下火200℃，烤15分钟至熟。

6 从烤箱中取出烤盘，再刷上蜂蜜，将做好的手撕包装入容器中即可。

椰香奶酥包

烹饪时间 125 分钟

原料

高筋面粉............500 克
黄奶油..................70 克
奶粉......................20 克
细砂糖...............100 克
盐............................5 克
鸡蛋........................1 个
水...................200 毫升
酵母........................8 克
椰丝、蔓越莓酱...各适量

工具

刮板、搅拌器......各 1 个
擀面杖....................1 根
烤箱........................1 台
小勺........................1 把
保鲜膜....................1 张

1 把细砂糖、水、高筋面粉、酵母、奶粉、鸡蛋混合均匀，揉搓成面团。

2 加入黄奶油、盐，揉搓成光滑的面团，用保鲜膜将面团包好，静置 10 分钟。

3 取适量小面团，揉搓成圆球形，再捏成薄片，放入蔓越莓酱，包好，再搓成圆球。

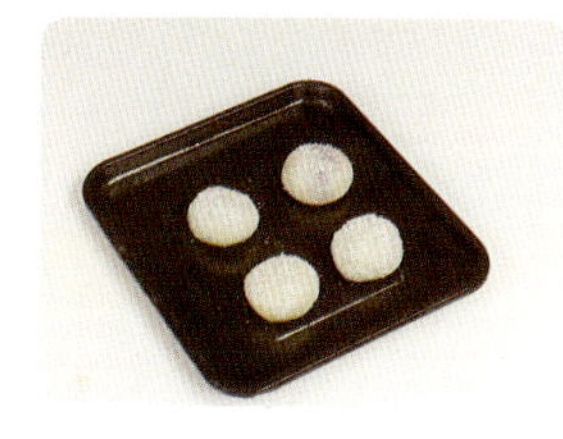

4 粘上椰丝，制成椰香奶酥包生坯，放入烤盘，发酵 90 分钟。

5 将烤盘放入烤箱，以上火 190℃、下火 190℃，烤 15 分钟。

6 从烤箱中取出烤盘，将烤好的椰香奶酥包装入盘中即可。

芝麻法包

烹饪时间 120 分钟

[原料]

高筋面粉..............250 克
纯牛奶...............80 毫升
鸡蛋.........................1 个
盐............................2 克
酵母.........................3 克
黄奶油...................20 克
白芝麻.................... 适量

[工具]

刮板、筛网 .... 各 1 个
擀面杖.....................1 根
小刀........................1 把
烤箱........................1 台

1 把酵母、白芝麻、高筋面粉、盐、纯牛奶、鸡蛋、黄奶油混合均匀，揉成光滑的面团。

2 将面团分切成数个小剂子，取两个小剂子，搓成球状。

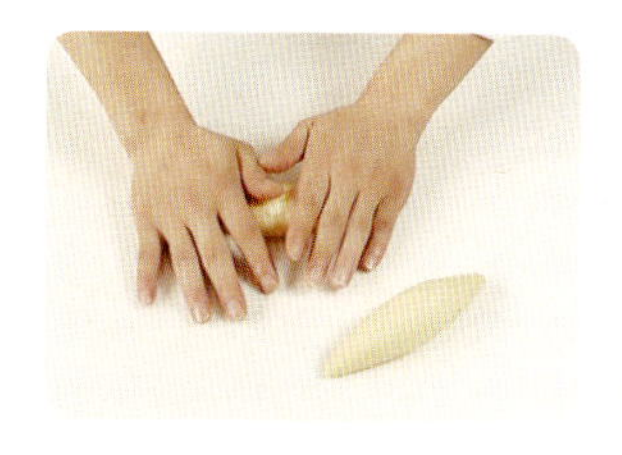

3 擀成面皮，再卷成卷，搓成两头尖、中间粗的梭子状面包生坯。

4 把生坯放入烤盘里，常温下发酵90分钟，用小刀在生坯上划几道小口，将高筋面粉过筛至生坯上。

5 把生坯放入预热好的烤箱里。

6 关上箱门，以上火190℃、下火 190℃烤 15 分钟即可。

紫薯包

3 人份

烹饪时间 130分钟

原料

高筋面粉............500克
黄奶油..................70克
奶粉......................20克
细砂糖................100克
盐...........................5克
鸡蛋........................1个
水......................200毫升
酵母........................8克
紫薯泥..................适量

工具

刮板、搅拌器......各1个
小刀........................1把
烤箱........................1台

1 把细砂糖、清水、高筋面粉、酵母、奶粉、糖水、鸡蛋、黄奶油、盐混合均匀，揉搓成光滑的面团。

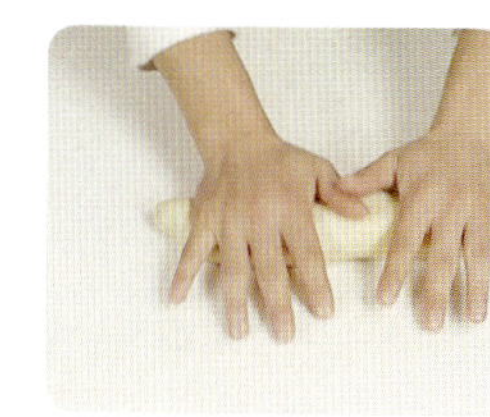

2 用保鲜膜把面团包裹好，静置10分钟，再把面团搓成条状，用刮板切成数个小剂子，搓成球状。

3 将面球捏成饼状，放上紫薯泥，划上数刀，卷成橄榄状。

4 放在烤盘里，在常温下发酵90分钟。

5 把烤箱调为上火190℃、下火190℃，预热5分钟，打开箱门，放入生坯。

6 关上箱门，烤15分钟，取出烤好的面包，装在容器里即可。

丹麦果仁包

烹饪时间　140 分钟

原料

酥皮：

高筋面粉............ 170 克
低筋面粉、葵花籽..30 克
细砂糖...................50 克
黄奶油...................20 克
奶粉......................12 克
盐...........................3 克
干酵母....................5 克
鸡蛋......................40 克
片状酥油...............70 克
花生碎...................40 克

装饰：

杏仁片、糖粉.......各适量

工具

刮板........................1 个
擀面杖.....................1 根
模具........................1 个
烤箱........................1 台

作法

1 把低筋面粉、高筋面粉、奶粉、干酵母、盐、水、细砂糖、鸡蛋、黄奶油混合均匀，揉搓成光滑的面团。

2 将面团擀成薄片，放上酥油片，将面皮折叠，擀平，制成酥皮，放入冰箱，冷藏 10 分钟；取适量酥皮，用擀面杖擀薄，铺上葵花籽、花生碎，拧成麻花型，再盘成花环状。

3 将材料放入模具里，撒上杏仁片，常温发酵 5 小时。

4 将烤箱上火调为 180℃，下火调为 200℃，预热 5 分钟，放入发酵好的生坯。

5 关上箱门，烘烤至熟，取出脱模；糖粉过筛，撒在面包上即可。

咖啡奶香包

3 人份

烹饪时间 115 分钟

原料

高筋面粉............500 克
黄奶油...................70 克
奶粉.......................20 克
细砂糖............... 100 克
盐、咖啡粉.............5 克
鸡蛋........................1 个
水...................200 毫升
酵母........................8 克
杏仁片................... 适量

工具

打蛋器....................1 个
刮板........................1 个
电子秤、烤箱..........1 个
蛋糕纸杯.................4 个

扫一扫，看视频

作法

1 把细砂糖、清水、高筋面粉、酵母、奶粉、鸡蛋、黄奶油、盐、咖啡粉混合，揉成光滑的面团。

2 把面团切成数个等份的小剂子，搓成圆球状，制成生坯。

3 把生坯装入蛋糕纸杯中。

4 放入烤盘里，常温发酵 5 小时，撒上杏仁片。

5 把生坯放入预热好的烤箱里，将烤箱上下火均调为 190℃，时间设为 10 分钟，开始烘烤。

6 打开箱门，带上手套把烤好的面包取出即可。

胚芽核桃包

烹饪时间　20 分钟

原料

高筋面粉..............200 克
全麦粉...................50 克
酵母.........................4 克
鸡蛋.........................1 个
细砂糖...................50 克
水.................... 100 毫升
黄奶油...................35 克
核桃........................ 适量

装饰：

小麦胚芽、黄奶油
............................各适量

工具

刮板、刀片......... 各 1 个
擀面杖.....................1 根
烤箱.........................1 台

1 将高筋面粉、全麦粉、酵母倒在面板上，拌匀，开窝。

2 倒入鸡蛋、细砂糖、水、黄奶油、核桃混合拌匀，再揉成面团。

3 用备好的电子秤称取 60 克的面团，依次称取四个面团，卷成橄榄形状，蘸些许小麦胚芽，即成生坯。

4 在发酵好的生坯上划开口，抹上黄奶油。

5 依次制成其余生坯，装在烤盘中，摆整齐，发酵 10 分钟。

6 烤箱预热，放入烤盘，以上、下火同为 190℃的温度，烤至食材熟透即可。

巧克力果干包

烹饪时间 125分钟

原料

高筋面粉............500克
黄奶油..................70克
奶粉......................20克
细砂糖...............100克
盐...........................5克
鸡蛋........................1个
水...................200毫升
酵母........................8克
提子干..................20克
可可粉..................12克
巧克力豆...............25克

工具

打蛋器....................1个
刮板........................1个
擀面杖....................1根
电子秤....................1台
烤箱........................1台

1 把细砂糖、水、高筋面粉、酵母、奶粉、糖水、鸡蛋、黄奶油、盐，混合均匀，搓成光滑的面团。

2 秤取约240克面团，将可可粉加入到面团里，加入巧克力豆、提子干，揉搓，混合均匀。

3 把面团分切成四等份剂子，把剂子揉成小球状，用擀面杖把面团擀成面皮，制成面包生坯。

4 将面包生坯装在烤盘里，常温发酵5小时。

5 把发酵好的生坯放入预热的烤箱里，把烤箱的上下火均调为190℃，烘烤时间为10分钟，开始烘烤。

6 打开箱门，把烤好的面包取出，把面包装在篮子里即可。

牛奶面包

烹饪时间 110分钟

[原料]

高筋面粉.............200克
蛋白.......................30克
酵母.........................3克
牛奶................100毫升
细砂糖...................30克
黄奶油...................35克
盐............................2克

[工具]

刮板.........................1个
擀面杖.....................1根
剪刀.........................1把
烤箱.........................1台

[作法]

1 将高筋面粉倒在案台上，加入盐、酵母、蛋白、细砂糖、牛奶，搅拌均匀。

2 放入黄奶油，搓成光滑的面团，分成三等份剂子。

3 把剂子搓成光滑的小面团，把面皮卷成圆筒状，制成生坯。

4 装入垫有高温布的烤盘里，常温1.5小时发酵，用剪刀逐一剪开数道平行的口子，撒上细砂糖。

5 取烤箱，放入生坯，上火调为190℃，下火调为190℃，烤15分钟，取出即可。

挞、派

——西式馅饼的诱惑

挞和派是西式的『馅饼』，只不过它们的馅儿是在外面而不是包在里面的。那么西式馅饼到底有什么吸引人的地方呢？除了馅料丰富、酥脆松软，还有哪些美味元素呢？看本章内容，学做好吃的挞和派吧。

草莓蛋挞

烹饪时间　25 分钟

[原料]

糖粉……………………75 克
低筋面粉…………225 克
黄奶油……………150 克
白砂糖……………100 克
鸡蛋……………………5 个
凉开水…………250 毫升
草莓…………………少许

[工具]

搅拌器、筛网……各 1 个
烤箱……………………1 台
蛋挞模…………………4 个

1 取一大碗，放入黄奶油、糖粉、1 个鸡蛋、低筋面粉，拌匀并揉成面团。

2 将面团搓成长条状，切成 30 克一个的小面团，搓圆，沾上低筋面粉，粘在蛋挞模具上，沿着边沿粘紧。

3 将剩下的 4 个鸡蛋打入碗中，加入白砂糖，用搅拌器拌匀，加入凉开水，再拌匀。

4 用筛网将蛋塔液过筛，使蛋挞液更细腻将蛋挞液倒入模具中至八分满即可。

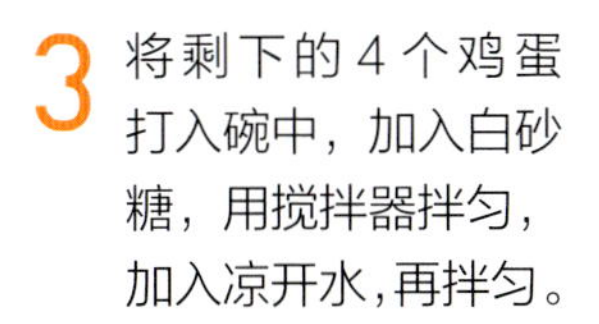

5 将蛋挞模放入烤盘中，再入烤箱，上火 200 ℃，下火 220 ℃，烤 10~15 分钟至金黄色。

6 拿出烤盘，取出蛋挞，摘去模具，摆入盘中，放上草莓装饰即可。

葡式蛋挞

2人份

烹饪时间　12分钟

原料

牛奶……100毫升
鲜奶油……100克
蛋黄……30克
细砂糖……5克
炼奶……5克
吉士粉……3克
蛋挞皮……适量

工具

搅拌器、量杯、筛网……各1个
烤箱……1台

1 奶锅置于火上，倒入牛奶、细砂糖，开小火，加热至细砂糖全部溶化，搅拌均匀。

2 倒入鲜奶油，煮至溶化；加入炼奶、吉士粉、蛋黄，拌匀，关火待用。

3 用过滤网将蛋液过滤一次，再倒入容器中；用过滤网将蛋液再过滤一次。

4 将蛋挞皮放入蛋挞模中，摆放在烤盘上，把搅拌好的材料倒入蛋挞皮中，约八分满即可。

5 打开烤箱，将烤盘放入烤箱中。

6 关上烤箱，以上火150℃、下火160℃烤约10分钟至熟，取出即可。

脆皮蛋挞

烹饪时间　70 分钟

原料

面皮：

低筋面粉..............220 克
高筋面粉................30 克
黄奶油...................40 克
细砂糖.....................5 克
盐........................1.5 克
清水................ 125 毫升
片状酥油............ 180 克

蛋挞液：

清水................ 125 毫升
细砂糖...................50 克
鸡蛋........................2 个

工具

擀面杖、圆形模具、量杯、
筛网、................ 各 1 个
量尺........................1 把
蛋挞模.....................4 个
油纸........................1 张
烤箱........................1 台

1 将低筋面粉、高筋面粉、细砂糖、盐、清水、黄奶油混合均匀，揉搓成光滑的面团，静置 10 分钟。

2 在台上铺一张白纸，放入片状酥油包好，擀平；将面团擀成片状，放上酥油，折叠成长方块。

3 将面皮擀薄，对折四次，放入铺有少许低筋面粉的盘中，放入冰箱冷藏 10 分钟，上述步骤重复三次。

4 将冷藏过的面皮擀薄，用圆形模具压出四块圆形面皮；把圆形面皮放入蛋挞模中，捏紧。

5 将清水、细砂糖倒入碗中，拌至细砂糖溶化；把鸡蛋液倒入碗中，搅拌均匀，过筛两遍，使蛋液更细腻。

6 把蛋液倒入蛋挞模中；放入烤箱中，温度调成上火 200℃、下火 220℃，烤 10 分钟至熟即可。

蜜豆蛋挞

烹饪时间　35分钟

原料

蛋挞水部分：

水 125毫升
细砂糖 50克
全蛋.................... 100克
蜜豆......................50克

蛋挞皮部分：

低筋面粉................75克
糖粉......................50克
黄奶油....................50克
蛋黄......................20克

工具

刮板、蛋挞模具、打蛋器 各1个
烤箱........................1台

1 将低筋面粉倒在案台上，用刮板开窝；倒入糖粉、蛋黄、黄奶油，刮入面粉，揉搓成光滑的面团。

2 把面团搓成长条形，用刮板分切成等份的剂子。

3 将剂子放入蛋挞模具里，把剂子捏在模具内壁上，制成蛋挞皮。

4 把鸡蛋倒入碗中，加入水、细砂糖，制成蛋挞水；蛋挞水过两次筛，装回碗中，加入蜜豆，拌匀。

5 蛋挞皮装在烤盘里，逐个倒入蜜豆蛋挞水，装约8分满。

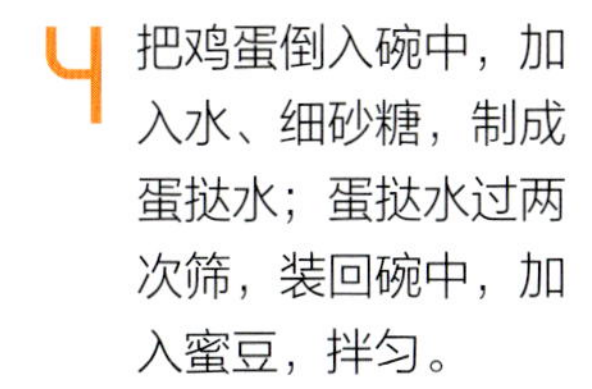

6 把烤箱上、下火均调为200℃，预热5分钟；把蛋挞生坯放入烤箱，烘烤10分钟至熟即可。

香橙挞

烹饪时间　20 分钟

[原料]

低筋面粉.............125 克
糖粉......................25 克
黄奶油 ....40 克
蛋黄......................15 克
香橙果膏...............50 克
装饰：
银珠....................... 适量

[工具]

刮板........................1 个
蛋挞模 ....4 个

1 将低筋面粉、糖粉、蛋黄、黄奶油拌匀，揉搓成面团。

2 将面团切成大小均等的小剂子。

3 把小剂子粘上少许糖粉，放入蛋挞模，沿着蛋挞模边缘按压捏紧，放入烤盘。

4 将烤箱温度调成上火 170℃、下火 170℃，放入烤盘，烤 6 分钟。

5 取出烤好的蛋挞，脱模，放入盘中。

6 在蛋挞中间倒入香橙果膏，放上银珠即可。

草莓派

2人份

烹饪时间 80分钟

原料

派皮：

细砂糖……………………5克
低筋面粉……………200克
牛奶………………60毫升
黄奶油……………100克

杏仁奶油馅：

黄奶油………………50克
细砂糖………………50克
杏仁粉………………50克
鸡蛋……………………1个

装饰：

草莓………………100克
蜂蜜…………………适量

工具

派皮模具、刮板、搅拌器……………各1个
保鲜膜……………………1张
小勺………………………1把
烤箱………………………1台

1 将低筋面粉、细砂糖、牛奶、黄奶油混合拌匀，和成面团。

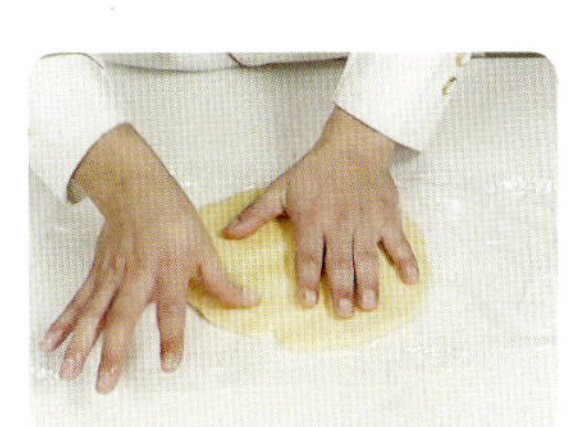

2 用保鲜膜将面团包好，压平，放入冰箱冷藏30分钟；取出面团，撕掉保鲜膜，压薄。

3 取一个派皮模具，盖上底盘，放上面皮，沿着模具边缘贴紧，切去多余的面皮。

4 将细砂糖、鸡蛋、杏仁粉、黄奶油倒入容器中，搅拌至糊状，制成杏仁奶油馅，倒入模具内至五分满。

5 把烤箱温度调成上火180℃、下火180℃；将模具放入烤盘，再放入烤箱中，烤约25分钟。

6 取出烤盘，放置片刻，去模，将烤好的派皮装入盘中；沿着派皮的边缘摆上草莓，刷适量蜂蜜即可。

丹麦黄桃派

烹饪时间 135 分钟

原料

酥皮：

高筋面粉............170 克
低筋面粉................30 克
细砂糖...................50 克
黄奶油...................20 克
奶粉.......................12 克
盐............................3 克
干酵母.....................5 克
水......................88 毫升
鸡蛋.......................40 克
片状酥油................70 克

馅料：

奶油杏仁馅............40 克
黄桃肉...................50 克

装饰：

巧克力果胶、花生碎
............................各适量

工具

刮板........................1 个
擀面杖.....................1 根
刷子、叉子........各 1 把
烤箱........................1 台

1 将低筋面粉、高筋面粉、奶粉、干酵母、盐、水、细砂糖、鸡蛋、黄奶油拌匀，揉搓成光滑的面团。

2 用擀面杖将片状酥油擀薄，待用；将面团擀成薄片，放上酥油片，将面皮折叠，把面皮擀平。

3 将面皮折叠，放入冰箱，冷藏 10 分钟；取出面皮，继续擀平；将上述动作重复操作两次。

4 取适量酥皮擀薄，边缘切平整，刷上奶油杏仁馅，放上黄桃肉，对折，边缘扎上小孔；刷上巧克力果胶。

5 将生坯放入烤盘，撒上花生碎，常温发酵 5 小时；把烤箱上下火均调为 190℃，预热 5 分钟。

6 放入发酵好的生坯箱，烘烤 15 分钟至熟；戴上手套，打开箱门，将烤好的黄桃派取出装盘即可。

黄桃派

2人份

烹饪时间　80 分钟

原料

派皮：

细砂糖……5 克
低筋面粉……200 克
牛奶……60 毫升
黄奶油……100 克

杏仁奶油馅：

黄奶油……50 克
细砂糖……50 克
杏仁粉……50 克
鸡蛋……1 个

装饰：

黄桃肉……60 克

工具

刮板、搅拌器、派皮模具……各 1 个
保鲜膜……1 张
小勺……1 把
烤箱……1 台

1 将低筋面粉倒在操作台上，用刮板开窝；倒入细砂糖、牛奶、黄奶油，和成光滑的面团。

2 用保鲜膜将面团包好，压平，放入冰箱冷藏 30 分钟；取出面团，撕掉保鲜膜，压薄。

3 取一个派皮模具，盖上底盘，放上面皮，沿着模具边缘贴紧，切去多余的面皮，再次将面皮压紧。

4 将细砂糖、鸡蛋、杏仁粉、黄奶油拌匀，制成杏仁奶油馅，倒入模具内，至五分满，抹匀。

5 把烤箱温度调成上火 180 ℃、下火 180℃；将模具放入烤盘，再放入烤箱中，烤约 25 分钟。

6 去除模具，将烤好的派皮装入盘中；将黄桃肉切成薄片，摆放在派皮上即可。

苹果派

烹饪时间　90 分钟

[原料]

派皮：

细砂糖……………………5 克
低筋面粉……………200 克
牛奶………………60 毫升
黄奶油……………… 100 克

杏仁奶油馅：

黄奶油…………………50 克
细砂糖…………………50 克
杏仁粉…………………50 克
鸡蛋………………………1 个
苹果………………………1 个
蜂蜜……………………… 适量

[工具]

刮板、搅拌器、长柄刮板、派皮模具、刷子 .. 各 1 个

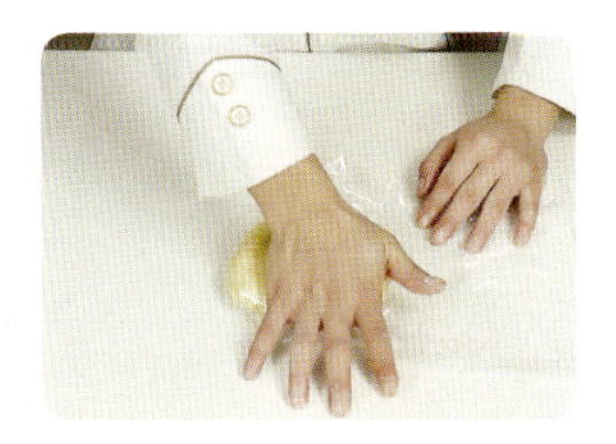

1 将低筋面粉、细砂糖、牛奶、黄奶油混合揉搓成面团；用保鲜膜包好，压平，放入冰箱冷藏 30 分钟。

2 取出面团，撕掉保鲜膜，压薄；取派皮模具，放上面皮，沿着模具边缘贴紧，切去多余的面皮，再压紧。

3 将细砂糖、鸡蛋倒入容器中，快速拌匀；加入杏仁粉、黄奶油，搅拌至糊状，制成杏仁奶油馅。

4 将洗净的苹果切块，去核，再切成薄片，放入淡盐水中，浸泡 5 分钟。

5 将杏仁奶油馅倒入模具内，将苹果片摆放在派皮上；倒入适量杏仁奶油馅，放进冰箱冷藏 20 分钟。

6 再放入烤箱，上火 180 ℃、下火 180℃，烤 30 分钟；将苹果派脱模后装入盘中，刷上蜂蜜即可。

酸奶乳酪派

3人份

烹饪时间　82分钟

原料

派皮：

黄奶油……………175克
白糖……………………87克
鸡蛋……………………45克
低筋面粉……………225克
玉米淀粉………………50克
泡打粉………………2.5克

馅料：

乳酪……………………93克
炼乳……………………67克
白糖………………………5克
鸡蛋……………………55克
低筋面粉………………60克
酸奶……………………75克
吉利丁………………适量

工具

刮板、派皮模具、搅拌器、
叉子……………………各1个
烤箱……………………1台
小刀……………………1把

1 将低筋面粉倒在案台上，放入玉米淀粉、白糖、泡打粉、鸡蛋、黄奶油，揉搓成面团，取适量压成面饼。

2 把面饼放入模具中，使其紧贴于模具底部和边缘，用叉子扎上数个小孔。

3 取碗，倒入鸡蛋、白糖、炼乳、低筋面粉、乳酪，搅匀，将拌好的馅料倒入做好的派皮中。

4 取一个烤盘，放上乳酪派，放入烤箱中，以上火170℃、下火170℃烤20分钟至熟，取出。

5 把吉利丁放入清水中浸泡，泡软后取出，容器中倒入酸奶，放入吉利丁，搅匀，煮至溶化。

6 倒在烤好的乳酪上，放入冰箱，冷冻1小时，取出，切成小块，装入盘中即可。

丹麦奶油派

烹饪时间　135 分钟

[原料]

酥皮：

高筋面粉............ 170 克
低筋面粉................30 克
细砂糖 ....50 克
黄奶油 ....20 克
奶粉.......................12 克
盐 ....3 克
干酵母 ....5 克
鸡蛋.......................40 克
片状酥油................70 克

馅料：

白奶油 ....40 克
杏仁片 ....适量

[工具]

刮板..........................1 个
擀面杖 ....1 根
叉子.........................1 把
烤箱.........................1 台

扫一扫，看视频

[作法]

1 将低筋面粉、高筋面粉、奶粉、干酵母、盐、适量水、细砂糖、鸡蛋、黄奶油混合均匀，揉成光滑的面团。

2 将片状酥油擀薄；面团擀成薄片，放上酥油片，将面皮折叠，擀平；将三分之一的面皮折叠，再将剩下的折叠起来，冷藏 10 分钟，取出，继续擀平；上述动作重复操作两次。

3 取适量酥皮，用擀面杖擀薄，用刀将边缘切平整，用刷子刷上一层白奶油，再铺上杏仁片；将酥皮对折，边缘压扁封口，再扎上小孔。

4 将生坯常温发酵 15 小时；把烤箱上下火均调为 190℃，预热 5 分钟；打开箱门，放入发酵好的生坯，烘烤 15 分钟至熟即可。